W0396503

Dr. Einhard Bezzel

VÖGEL im Jahreslauf

Was Sie wann und wo beobachten können

blv

Das Vogeljahr

Haubenmeise

Für Vögel in unseren Breiten wird das Jahr von 3 wichtigen Lebensvorgängen bestimmt: Fortpflanzung, Wanderungen und Gefiederwechsel (Mauser). Damit sind viele einzelne, zeitlich programmierte Vorgänge im Vogelorganismus verbunden, die zu bestimmten, je nach Jahreszeit unterschiedlichen Verhaltensweisen führen. Sie fallen dem aufmerksamen Beobachter auf und vermitteln ein sehr abwechslungsreiches und komplexes Bild des Vogeljahrs.

Bei den einzelnen Vogelarten werden die Aufgaben des Jahres ganz unterschiedlich erledigt, zu verschiedenen Zeiten oder verschieden aufwendig und umfassend. Auch kann der eine oder andere Abschnitt dauernd oder zumindest mitunter einmal ganz ausfallen oder sich mit zunehmendem Lebensalter ändern. Aber um die oben genannten großen Schwerpunkte im Vogeljahr kann sich kein Vogel auf Dauer herummogeln. Aus verschiedenen Gründen, die vor allem etwas mit Energieverbrauch zu tun haben, fallen sie in der Regel auf unterschiedliche Zeitabschnitte, laufen also mehr oder minder getrennt ab. Viele verschiedene Strategien versuchen, die Programmteile Fortpflanzung, Wanderungen und Mauser im Jahreslauf gut unterzubringen. Es kann dabei zeitlich gesehen aber auch ganz schön eng werden. Überschneidungen sind nicht auszuschließen.

Das Vogeljahr verläuft selbst für Vögel im gleichen Lebensraum nicht synchron, ist aber immer erstaunlich gut programmiert. Im Jahresprogramm der Vögel geht es einmal um möglichst gute Abstimmung mit den jeweiligen Umweltverhältnissen, die aber jedes Jahr etwas anders ablaufen können und zumindest bis in die Details keineswegs vorhersagbar sind. Daher ist gleichzeitig auch Flexibilität gefordert, die auf unerwartete Vorgänge besser als festgelegte größtmögliche Präzision reagieren kann. Vögel müssen in ihrem Jahr also zwei ganz unterschiedliche Grundforderungen unter einen Hut bringen. Und das macht ihre Beobachtung im Jahreslauf immer wieder spannend, auch wenn man ihnen schon manches Jahr zugesehen hat.

Fortpflanzung

In der Fortpflanzungszeit, häufig auch kurz als Brutzeit bezeichnet, sind ein Brutrevier zu besetzen, ein geeigneter Nistplatz zu finden, das Nest zu bauen, Eier zu legen, die Eier auszubrüten und dann die Jungen großzuziehen.

Meist beginnt dieser Abschnitt damit, sich gegen Konkurrenten um Partner, Revier und Nistplatz durchzusetzen. Der Vogelgesang leitet bei vielen Arten die Fortpflanzungszeit ein und begleitet ihre ersten Abschnitte, etwa bis die Jungen schlüpfen. Viele Vögel singen nicht, sondern bemühen sich mit anderen Mitteln um Partner

Wie beim Gartenrotschwanz füttern viele Singvögel ihre Jungen noch, wenn sie das Nest schon verlassen haben.

und Nestplatz, etwa durch bestimmte Verhaltensweisen, die man häufig als Balz bezeichnet. Nicht alle Arten müssen sich um ein Revier kümmern, nicht alle bauen ein eigenes Nest, und manche müssen sich nicht einmal oder nur wenig um ihre Jungen kümmern, wie etwa der Kuckuck oder die Männchen der Enten.

Andere Arten können 2- oder sogar 3-mal hintereinander im Jahr eine Brut beginnen, viele zeitigen bei frühem Verlust der Eier noch ein Ersatzgelege. Die Möglichkeiten und zeitlichen Abläufe sind also ganz unterschiedlich. Aber alle Vögel müssen die Aufzucht ihres Nachwuchses so in das Jahr legen, dass ausreichend Nahrung für die heranwachsenden Jungen, gleichgültig ob Nesthocker oder Nestflüchter, vorhanden ist. Bei vielen Arten brauchen die Jungen, um gedeihen zu können, ganz spezielle Nahrungsorganismen, die oft nur kurze Zeit vorhanden sind. Kleine Rebhuhnküken etwa leben zunächst von kleinen Insekten, obwohl die Altvögel eigentlich Vegetarier sind. Junge Meisen werden vor allem mit kleinen Schmetterlingsraupen gefüttert. Folglich sollten sie dann aus dem Ei schlüpfen, wenn die geeigneten Entwicklungsstadien ihrer Beutetiere gerade verfügbar sind.

Große Vögel wie z. B. Adler müssen auch deshalb früh im Jahr beginnen, damit die Jungen nach

langer Brüte- und Aufzuchtszeit noch rechtzeitig vor Einbruch des Winters selbstständig werden. Grundsätzlich sind Vögel schon zur Entscheidung gezwungen, Eier zu legen, bevor eine möglicherweise optimale Situation für die Ernährung der Jungvögel eingetreten ist. Oft ist aber, wenn das erste Ei gelegt wird, noch gar nicht abzusehen, wann das der Fall sein könnte.
Andererseits muss zumindest das Weibchen, auf das mit der Produktion von Eiern als Ernährungsgrundlage für den Vogelembryo eine schwere Belastung zukommt, in guter Körperkondition, also ausreichend ernährt sein. Somit kann die Eiablage nicht sofort nach kalten Wintertagen oder nach der Heimkehr von einer weiten Wanderung aus dem Winterquartier stattfinden. Der Organismus muss erst für eine erfolgreiche Fortpflanzung bereit sein.

Die Zeiten, in denen Vögel mit der Eiablage beginnen, sind ganz unterschiedlich, nicht nur zwischen verschiedenen Arten. Auch die Weibchen einer Art in einer bestimmten Gegend legen nicht alle exakt gleichzeitig ihre Eier. Es gibt manchmal beträchtliche individuelle Unterschiede. In dieser Vielfalt und »Ungenauigkeit« stecken die Möglichkeiten der Flexibilität, auf Umweltverhältnisse zu antworten. Selbst viele gescheiterte Versuche bedeuten keine grundsätzliche Gefahr, wenn Ausgleich möglich ist.
Auch das Ende der Fortpflanzungszeit wird wieder von Sachzwängen bestimmt. Es muss so liegen, dass der Organismus der flügge gewordenen Jungen noch ausreichend Zeit hat, sich rechtzeitig vor dem Winter oder zur langen Wanderung ins Winterquartier einzustellen. Dazu gehört nicht nur, Erfahrung mit der Umwelt bei Nahrungs-

Als Folge der Klimaerwärmung ziehen im Herbst nicht mehr alle Kraniche weg.

Braunkehlchen sind Langstreckenzieher, ihr Winterquartier liegt südlich der Sahara.

suche oder Vermeidung von Gefahren zu sammeln, sondern auch oft Gefiederwechsel zum ersten Erwachsenenkleid, Depotfettanlagerung im Körper und vieles mehr.

Wanderungen

Die meisten Vögel wandern irgendwann einmal im Jahr. Von Zugvögeln und Vogelzug spricht man, wenn jährliche Wanderungen zwischen einem Brutplatz und einem Winterquartier stattfinden. Solche Wanderungen vollziehen sich gerichtet, viele oder alle Vögel eines Brutgebietes wandern in einer Vorzugsrichtung mit einer mehr oder minder großen Streuung ab. Solche Vorzugsrichtungen sind für heimische Brutvögel vor allem Südwest, weniger häufig Süd und Südost. Die Winterquartiere in Mitteleuropa brütender Zugvögel reichen von Westeuropa und Südosteuropa bis Südafrika, ausnahmsweise auch bis ins westliche Südasien. Der Wegzug vom Brutgebiet ins Winterquartier fällt in die Zeit nach der Fortpflanzung von Spätsommer bis Frühwinter, der Heimzug vom Winterquartier ins Brutgebiet von Spätwinter bis Frühsommer.
Die »Fahrpläne« für den Vogelzug sind bei weitem nicht so genau festgelegt, wie immer wieder angenommen wird. Im Allgemeinen gilt, dass Vogelarten mit weit entfernt liegenden Winterquartieren später ankommen und eher wieder abziehen als solche, die nur kurze Strecken zu überwinden haben. Aber auch innerhalb einer einzigen Zugvogelart gibt es große Unterschiede, je nachdem, wo das Brutgebiet liegt. Nordische und östliche Brutvögel einer Art ziehen oft weiter und daher eher ab als südlicher und westlicher brütende. Und wie bei der Fortpflanzung wandern auch

nicht alle Vögel einer Art an einem Platz alle exakt synchron. Männchen kommen oft einige Tage eher im Frühjahr an als die Weibchen, Jungvögel des Jahres ziehen im Herbst eher oder später ab als ihre Eltern. Es gibt viele Variationsmöglichkeiten. Mit der Pünktlichkeit nehmen es Vögel im Allgemeinen nicht so genau, auch wenn einzelne Individuen oft auf den Tag exakt wieder am Brutplatz erscheinen. Schließlich ist Flexibilität auch beim Vogelzug eine wichtige Voraussetzung, in einer dynamischen Umwelt zu überleben.
Je nach der Lage des Winterquartiers oder der zu überwindenden Zugstrecke unterscheidet man verschiedene Typen von Zugvögeln. **Langstreckenzieher** bewältigen Zugstrecken von über 4000 km; sie ziehen über die Sahara. Hier handelt es sich um spät (meist nicht vor Mitte April) zurückkehrende Arten, die auch schon wieder abwandern, wenn die Tagestemperaturen noch spätsommerlich sind. Gartengrasmücke, Neuntöter, Pirol und Mauersegler zählen dazu. Ihr Zeitplan wird am wenigsten von der Witterung beeinflusst. Anders bei **Kurzstreckenziehern**, die noch im Westen oder Süden Europas oder in Nordafrika überwintern. Sie verlassen die Brutgebiete oft erst im Spätherbst oder Frühwinter und sind manchmal schon ab Ende Februar bis Mitte März wieder zu erwarten; hierzu zählen Feldlerche, Zilpzalp, Singdrossel und Bachstelze. Rückkehr und Abzug sind bei ihnen oft stark vom Wetter abhängig. Einzelne Vögel bleiben auch mal da und ziehen gar nicht weg.

Der Hausrotschwanz zieht nur bis ins Mittelmeer; als Kurzstreckenzieher verlässt er uns erst im Spätherbst.

Ein typischer Standvogel, der das ganze Jahr am Platz bleibt, ist der Haussperling.

Solche Einteilungen sind natürlich nur eine Orientierung und dürfen nicht als strikt abgegrenzte Kategorien betrachtet werden, zumal nicht alle Individuen einer Art in einem Gebiet sich immer eng an die Regeln halten. Es gibt z. B. auch noch **Teilzieher**, deren bekanntester die Amsel ist. Hier zieht ein Teil der Vögel in ein Winterquartier nach West- oder Südeuropa, ein Teil verbringt den Winter über im Brutgebiet. Wer den besseren Teil erwählt hat, hängt im Wesentlichen von der Strenge des Winters ab. Daheimgebliebene können sich vor den Rückkehrern die besten Brutreviere auswählen und sind mit den Verhältnissen schon vertraut, haben aber schlechte Karten, wenn ihnen ein harter Winter stark zusetzt.
Standvögel, die überhaupt nicht wandern, benötigen am Ort für alle Jahreszeiten ausreichende Voraussetzungen. Das ist oft nicht ohne Einschränkungen der Fall, und so kommen z. B. Feldsperling oder Goldammer vom freien Feld im Winter in die Gärten der Dörfer. Standvögel müssen also auch oft in der Umgebung umherstreifen. Und es kann auch bei nicht abgezogenen Überwinterern noch zu Winterfluchtbewegungen kommen, wenn Schnee und Frost dazu zwingen.
Neben dem gerichteten Vogelzug unterscheidet man noch **Zerstreuungswanderungen**, die in alle Richtungen verlaufen und meist zu einer Verteilung der Vögel in der Landschaft führen. Dies betrifft in der Regel Jungvögel im ersten Kalenderjahr, die, nachdem sie selbstständig geworden sind, neue Gebiete kennen lernen und sich dann dort im nächsten Jahr als Brutvögel ansiedeln können. Auch finden bei manchen Arten vor dem eigentlichen Wegzug noch Wanderungen statt, die in ein Mauserquartier oder einen Aufenthaltsraum außerhalb der Brutplatzes führen. Kiebitze z. B. verlassen schon mitten im Sommer ihre Brutplätze, die sie nicht mehr ernähren können, um sich irgendwo zu sammeln. Man spricht dann oft von einem Zwischenzug.
Damit aber noch nicht genug. Der Vogelzug bringt auch Vögel zu uns, die in anderen Gebieten brüten. Da sind im Frühjahr und Herbst viele Durchzügler von Lang- und Kurzstreckenziehern aus nördlichen und östlichen Gebieten Europas. Sie halten sich oft nur Stunden oder 1 Tag an einem Platz auf und sind dann wieder weitergezogen. Es gibt aber auch ausgesprochene Rastgebiete, z. B. das Wattenmeer für viele Watvögel, an denen Durchzügler Wochen und sogar Monate verweilen, um aufzutanken und mindestens Teile des Gefieders zu wechseln. Auch Wintergäste aus winterkalten Gebieten treffen bei uns im Herbst ein, um dann im Frühjahr wieder in ihre nördliche

Brutheimat zu ziehen. Bergfinken und Seidenschwänze sind die bekanntesten, auch viele Schwimmvögel zählen dazu.

Gefiederwechsel (Mauser)

Da Federn tote Gebilde sind und einmal ausgewachsen nicht weiter wachsen können, müssen sie von Zeit zu Zeit erneuert werden. Das Gefieder wird stark beansprucht, muss aber als Wärmeschutz und als Flugwerkzeug immer in Ordnung sein. Daher ist eine Erneuerung einmal im Jahr fällig, zumindest bei kleinen und mittelgroßen Vögeln. Große Vögel, etwa Geier, lassen sich für die vollständige Erneuerung ihres Federkleides auch 2 Jahre oder länger Zeit. Die alten Federn fallen aus, und neue wachsen an derselben Stelle nach. Damit der Vogel nicht zu stark in seiner Fortbewegung beeinträchtigt wird, fallen Schwung- und Steuerfedern meist nacheinander in einer komplizierten Folge aus. Die Lücken in Flügel und Schwanz dürfen nicht zu groß werden. Auch beim Körpergefieder können einzelne Federn nach und nach in kleinen Portionen neu nachwachsen, damit die Isolationswirkung nicht zu sehr beeinträchtigt wird.
In die Mauser muss Energie und Substanz investiert werden. Daher sollte dieser den Organismus strapazierende Vorgang möglichst in die Zeiten außerhalb von Fortpflanzung und Zug gelegt werden, die dem Vogelkörper ohnehin viel Energie abverlangen. Zudem dauert die Mauser durch die behutsame Abfolge von ausfallenden und nachschiebenden Federn ihre Zeit. Sie kann verkürzt werden, wie z. B. bei Enten, Gänsen und Schwänen, die alle Schwungfedern gleichzeitig verlieren. Das bedeutet dann aber, dass ein Vogel für etwa 3 Wochen oder länger flugunfähig wird und sich an einem Ort aufhalten muss, an dem er ohne fliegen zu müssen genügend Nahrung findet und auch ausreichend sicher vor Feinden ist. Enten und ihre Verwandten suchen daher oft ein eigenes Mauserquartier auf, an dem sie diese kritische Zeit gefahrlos überstehen können.
Der Mauserkalender ist bei den verschiedenen Arten sehr kompliziert, denn er muss sich zwischen Fortpflanzung und Wanderungen irgendwie dazwischenquetschen. Meist ist die Mauser auch auf verschiedene Zeiten aufgeteilt. In der Regel wird nach der Brutzeit das ganze Federkleid gemausert. Man spricht dann von einer Vollmauser. Ist genügend Zeit zwischen dem Selbstständigwerden der Jungen und dem Abzug ins Winterquartier, kann die Vollmauser noch im Brutgebiet oder auch nach ersten Zugetappen auf geeigneten Rastplätzen erledigt werden. Langstreckenzieher teilen die spätsommerliche oder herbstliche Vollmauser oft auch auf: Einige Federn werden noch im Brutgebiet ausgetauscht, der Rest dann im Winterquartier. Spätsommer und Frühherbst ist also Mauserzeit, und viele Vögel legen damit ihr Schlichtkleid (oder Winterkleid) an.
Eine weitere Mauser findet bei vielen Arten vor der Brutzeit und zwar in der Regel noch im Winterquartier statt. Sie ist meist eine Teilmauser, bei der nur einige Federn ausgetauscht werden. Bei den Männchen mancher Arten entsteht dadurch das Prachtkleid. Nachbrutzeitliche Voll- und vorbrutzeitliche Teilmauser, die oft noch während der Wintermonate erfolgt, ist die Regel, natürlich nicht ohne Ausnahme. Beim Neuntöter, der vor dem Wegzug nicht mehr viel Zeit hat, werden nach der Brutzeit nur einige Federn erneuert, vor Rückkehr zur nächsten dann alle. Viele Vögel machen also 2 Mausern im Jahr durch. Von der

vorbrutzeitlichen Mauser bekommen wir bei Zugvögeln allerdings meist nichts mehr mit, da sie schon mit frischen Federn bei uns eintreffen. Die ausgeflogenen Jungvögel mausern im Spätsommer und Herbst in der Regel noch das Jugendkleid in das erste Alterskleid. Diese Jugendkleidmauser ist meist eine Teilmauser.

Vogelkalender

Das Vogeljahr richtet sich nach den Jahreszeiten, aber nicht exakt nach unserem Kalender. Das hängt damit zusammen, dass Vögel jedenfalls alle Arten, die man danach genauer untersucht hat, über eine innere Jahresuhr verfügen, die nicht genau ein Jahr läuft, sondern bis um Monate vom Kalenderjahr abweichen kann. Genauer gesagt ist die Jahresuhr eine innere (endogene) Jahresperiodik, die als eine »circa«-Rhythmik nicht genau mit dem Jahr übereinstimmt. Es gibt aber präzise Umweltrhythmen, die auf die innere Rhythmik des Vogels einwirken können, also das ererbte innere Programm auf das äußere abstimmen. Ein solcher präziser Umweltrhythmus, der gewissermaßen als Wecker oder Zeitgeber wirkt, ist die Änderung der Tageslänge im Jahreslauf, die Photoperiodik.

Dieses komplizierte duale System des Zusammenspiels einer angeborenen Jahresuhr, mit einem äußeren Zeitgeber, der sie »richtig« einstellt, vereinigt 2 wichtige Möglichkeiten. Zum einen ist es erstaunlich präzis und stimmt damit das Verhalten des Vogels auf die Jahreszeiten ab. Vögel sind also z. B. nicht vom launischen Wetter abhängig, um ihr Programm für die nächsten Wochen richtig erledigen zu können. Denn das augenblickliche Wetter sagt ja mitunter gar nicht viel über die aktuelle Jahreszeit und vor allem nichts über die Entwicklung in der nächsten Zukunft. Zugvögel sind damit sicherer über den richtigen Zeitpunkt informiert, ins Winterquartier abzuziehen, als wenn sie sich auf das augenblicklich Wetter verließen. Viele Verhaltensweisen der Vögel werden durch innere Rhythmen gesteuert und laufen dadurch zeitgerecht ab, unbeirrt von gerade herrschenden Bedingungen. Nur so sind Zug, Brutgeschäft und Mauser Jahr für Jahr im richtigen Rhythmus und Zeitablauf gesichert. Der Notwendigkeit, dass viele Entscheidungen im Vogeljahr schon zu Zeitpunkten getroffen werden müssen, in denen äußere Verhältnisse noch gar nicht erkennen lassen, wie die Lage einige Wochen später sein wird, kann ein solches inneres Programm gut entsprechen.

Zum anderen gestattet das Zusammenspiel zwischen inneren und äußeren Rhythmen, dass das Verhalten flexibel ist und sich auf die Verhältnisse einstellen kann. So kommt ein Zugvogel in seinem Leben mehrfach durch Gebiete unterschiedlicher Photoperiodik, die sein Verhalten zeitgerecht einstimmt. Nur am Äquator mit kaum veränderlicher Tageslichtdauer im Lauf eines Jahres dürften die inneren (endogenen) Programme weitgehend unabhängig von Umweltfaktoren ablaufen. Doch selbst in Breiten ohne eigentliche Jahreszeiten und zuverlässige Zeitgeber läuft eine Rhythmik im Vogel ab, die ihn auch wieder zurückbringt in nördlicher gelegene Brutgebiete. Je nach Umständen ist die Stärke der ererbten Programme unterschiedlich. Junge werden zunächst wohl mehr automatisch gesteuert, wenn sie das erste Mal in ihr Winterquartier ziehen. Langstreckenzieher, die früh wegziehen und spät zurückkehren, sind stärkere »Kalendervögel« als Kurzstreckenzieher, die mehr von der Umwelt

Kiebitze sind in Scharen auch schon im frühen Sommer unterwegs, weil sie in ihren Brutgebieten oft keine Nahrung mehr finden.

(Wetter) beeinflusst werden. Auch spricht viel dafür, dass in unterschiedlichen Lebensabschnitten angeborenes Programm und Umwelteinflüsse verschieden stark Einfluss nehmen. Flexibilität kann ja auch durch persönliche Erfahrung erreicht werden. Allerdings dürfte das bei Singvögeln, die im Schnitt nur 2 Jahre alt werden und daher wenig Erfahrung sammeln können, von geringerer Bedeutung sein als bei langlebigeren größeren Arten.

Es ist also schwierig, das Vogeljahr ganz zu durchschauen. Vor allem lassen sich die Beobachtungen nicht immer leicht deuten und erklären, manches weicht von unseren Vorstellungen ab und bedarf noch eingehender Erforschung. Und immer wieder muss man mit überraschenden Beobachtungen und Ausnahmen rechnen, die allerdings meist nicht so einmalig sind, wie man meinen möchte.

Vögel beobachten

Will man Vögel beobachten und die Arten unterscheiden lernen, ist ein gutes **Fernglas** unerlässlich. Die Betonung liegt auf gut, denn Billigprodukte können zwar im Moment eine brauchbare Alternative darstellen, bewähren sich aber auf Dauer nicht. Hohe optische Qualität, mechanische Stabilität und Wetterfestigkeit sowie leichte Hantierbarkeit sind die 3 wichtigsten Kriterien, die sich auf Dauer bezahlt machen. Und da muss man leider mit mehreren hundert, bei Spitzenprodukten sogar über tausend Euro rechnen.

Die optische Leistung kann man aus ein paar Zahlen ersehen. Doch die sind für alle Modelle gleich und sagen noch nichts über die Qualität des Produktes aus. Als Vergrößerung empfiehlt sich 8- bis 10-fach. Größere Werte sind kein Vorteil mehr, denn man kann solche Gläser nicht ruhig genug halten. In Einzelfällen mag das bis 15-fach noch gelingen, aber man ist ja nicht immer ausgeruht und wird auch älter. 7-fache Gläser haben sich für Beobachtungen in Garten und Park gut bewährt. Wichtig ist ferner der Durchmesser der dem Objekt zugewandten, also vom Auge abgewandten Linse (Objektiv). Er wird in Millimeter angegeben und üblicherweise der Vergrößerung angehängt, etwa in der Form 8×40. Durchmesser von 40–50, bei kleinen Taschengläsern auch nach unten bis 30 sind brauchbar. Aus dem Quotienten zwischen Durchmesser des Objektivs und Vergrößerung errechnet sich die Austrittspupille. Bei geringem Licht öffnet sich die menschliche Pupille bis 7 mm, sodass die Abbildungshelligkeit voll ausgenutzt werden kann, wenn der Quotient bei sehr lichtstarken Gläsern 6 oder 7 erreicht. Am hellen Tag ergeben aber auch deutlich kleinere Werte kein dunkleres Bild, da sich die Pupille des Auges nur bis 3 mm öffnet. Weitere Werte sind Dämmerungszahl und Sehfeld, das als überschaubares Feld auf 1000 m etwa 130 m breit ist. Aber man sollte sich durch die rechnerischen Angaben nicht zu sehr beeinflussen lassen.

Die optische Qualität der modernen Hightech-Gläser ist bei allen Produkten sehr gut. Man sollte darauf achten, wie scharf Details abgebildet werden und vor allem auch, ob ein Abfall der Schärfe an den Rändern auftritt. Farbtreue ist ein weiteres Kriterium. Am besten prüft man Gläser an technischen Strukturen, z. B. den Ziegeln von Dächern in verschiedener Entfernung und bei verschiedenen Helligkeiten. Wichtig ist auch der Nahbereich. Bei modernen Gläsern sollte man noch auf Entfernungen deutlich unter 5 m scharf einstellen können.

Wesentlich wichtiger ist aber, wie man persönlich mit einem Produkt umgehen kann. Bei manchen sehr guten Modellen hakt es z. B. an einer raschen Scharfeinstellung, weil man zu lange an der Einstellschraube drehen muss. Entscheidend ist, die einzelnen Modelle als Brillenträger zu prüfen (auch mit Sonnenbrille). Wie gut funktioniert der Dioptrienausgleich zwischen den Augen? Liegt das Glas gut in der Hand? Möchte ich ein kleines, leichtes Glas oder ein größeres, schwereres? Man kann an solchen, für den persönlichen Gebrauch entscheidenden Zusatzkriterien gezielt zwischen den Modellen auswählen. Selbst Kleinigkeiten können eine Rolle spielen, wie etwa die Konstruktion einer Regenkappe für die Okulare (Linsen, die dem Auge zugewandt sind). Man bedenke, dass Händler oft Fachleute für die Optik, aber keine Vogelbeobachter sind. Tipps von Praktikern mit eigener Erfahrung sind daher wertvoll.

Zur Bestimmung der gesehenen Vögel ist ein handliches, aber gutes **Bestimmungsbuch** nötig. Hinweise dazu finden sich am Ende des Buches, ebenso wie einige nützliche Adressen.

Ein besonders wichtiges Kapitel ist das Studium der Vogelstimmen. Nichts ist dabei besser als das Studium draußen. Die Teilnahme an Vogelstimmenführungen, Tipps und Erklärungen von Kennern sowie der Versuch, einen gehörten Vogel auch ins Fernglas zu bringen, bilden eine unverzichtbare Grundlage, die zu erarbeiten aber auch Geduld fordert und daher viel Zeit beansprucht. Die vielen technischen Möglichkeiten können die eigene Erfahrung oder die Erklärungen bei Exkursionen nicht ersetzen. Sie dienen eher dazu, sich zu kontrollieren oder draußen Gehörtes nachzuprüfen. Mit kleinen digitalen Abspielgeräten kann man das auch vor Ort besorgen.

Aufzeichnungen und Notizen sind unerlässlich, wenn man etwas mehr über heimische Vögel festhalten möchte. Auf das Gedächtnis sollte man sich nicht verlassen. Vogelkundliche Tagebücher oder Notizen über persönliche Eindrücke und Beobachtungen lassen sich mit einfachen Tabellen- oder Textprogrammen im Computer oder Notebook übersichtlich sammeln und auch wieder abrufen. Nimmt man größeren Beobachtungsprojekten teil, werden ohnehin meist Formatvorgaben zur raschen Auswertung gemacht. Ein bisschen Schreibtischarbeit lohnt sich auf alle Fälle und macht auch Spaß, wenn man in Erinnerungen kramen oder sogar einfache statistische Vergleiche zwischen Jahren und Jahreszeiten ziehen kann. Wer kommt wann ans Futterhaus, und welche Vögel waren im vorigen Winter da? Die Natur ist sehr dynamisch, und Änderungen sind demnächst als Folge der Klimaerwärmung ohnehin zu erwarten.

Moderne Vogelbeobachtung bedient sich regelmäßig auch bis zu etwa 60-fach vergrößernder Fernrohre.

März

Frühlingsbeginn mit kleinen Rückschlägen

Schwarzspecht (Männchen)

Im März lässt sich kaum vorhersagen, welche Vögel sich auf einem Spaziergang bemerkbar machen. Zu sehr hängt das Ergebnis selbst aufmerksamer Vogelbeobachtung von einer von Jahr zu Jahr unterschiedlichen Großwetterlage in der Zeit um den Frühlingseinzug ab. Mitunter hat sich der Winter rasch und unauffällig verabschiedet, dann wieder werden erste Tage mit Frühjahrsonne von kühlen oder gar bitterkalten Nachwintereinbrüchen abgelöst. Und nicht zu unterschätzen sind auch regionale Unterschiede in der Auseinandersetzung kalter kontinentaler oder nördlicher Luftmassen mit milden und feuchten, die von Meeresgebieten mittlerer Breiten hereinströmen.

Im Vogeljahr ist der März noch launischer als der sonst sprichwörtliche April. Das hängt auch damit zusammen, dass das Zeitprogramm der Kurzstreckenzieher und Teilzieher, die also in der Regel schon in Europa oder in Nordafrika überwintern, viel stärker vom Wetter beeinflusst wird als das der erst deutlich später eintreffenden Langstreckenzieher aus Gebieten südlich der Sahara. Wer den März unbeschadet überstehen und eine möglichst gute Kondition in die beginnende Brutzeit hineinretten will, muss flexibel sein. Frühe Revierbesetzung und Partnerwahl sichern Vorteile gegenüber Artgenossen. Doch hohe Investitionen unter schwierigen Außenbedingungen zehren an der Substanz. Also müssen Balz, Gesang oder Revierbehauptung und vielleicht auch schon begonnener Nestbau in angespannter Situation zugunsten eines optimal ausgewogenen Energiehaushaltes vorübergehend hintangestellt oder sogar abgebrochen werden. Möglichst effiziente Nahrungssuche wird dann vordergründig wichtig. Aber auch Energiesparen durch Untätigkeit ist eine erfolgversprechende Option.

So kann bereits einsetzender Vogelgesang wieder verstummen. Schon besetzte Reviere werden wieder aufgegeben, und manchmal flüchten Vögel über größere Entfernungen und tauchen an Plätzen auf, an denen man sie gar nicht vermutet hätte. Viele bereits registrierte Sänger oder Ankömmlinge entdecken wir auch nicht mehr, weil sie ihre Aktivität eingeschränkt haben und irgendwo still und ruhig sitzen.

Schwarzspechte halten sich das ganze Jahr über in ihrem Revier auf. Nadel- und Laubwälder mit ausreichenden Altholzbeständen sind die wichtigsten Voraussetzungen für eine Brut. Der mächtige schwarze Vogel ist in großen Wäldern gar nicht so leicht zu entdecken. Kennern verrät er sich durch seinen Standortruf im Revier, ein wohltönendes »kliöh«, und seinen weithin hörbaren Flugruf, eine Lautreihe, die wie »krükrükrük …« klingt. Zum Vogel des Monats März wird der größte europäische Specht, weil er die für ihn beginnende Brutzeit mit einem »Gesang« einlei-

tet, der mit einer klagend, langgezogenen Silbe beginnt und sich dann nach einer kleinen Pause in einer lauten Reihe fast lachender »kwik – kwik – kwik ...«-Rufe fortsetzt. Die Strophe hallt durch den noch recht stillen Vorfrühlingswald. Mit ihr zeigt das Männchen Revier- und Höhlenbesitz an, und das führt auch die Partner zusammen. Die Ruffreudigkeit erreicht im März ihren Höhepunkt. Auch machen sich Schwarzspechte in der Phase der Paarfindung und der Auseinandersetzung um Partner, Revier und vor allem Bruthöhle jetzt durch viele Ortsbewegungen leichter bemerkbar. Ihr ebenfalls vor allem im März zu hörendes Trommeln hat eine wichtige Funktion bei der Reviermarkierung, der Vorstellung der Bruthöhle und der sexuellen Stimulation. Auch von anderen Spechten ist im März vor allem über größere Entfernung oft mehr zu hören als sonst irgendwann im Jahr. Buntspechte trommeln und keckern häufig, wenn sie sich mit einem Artgenossen auseinanderzusetzen haben. Grünspechte lassen ihr lautes Lachen hören, während der meist viel weniger häufige und im Norden fehlende Grauspecht sich durch seine wohltönende, im chromatischer Tonfolge abfallende Rufreihe meldet, die man leicht nachpfeifen kann.

Hausrotschwänze singen im März, Eier liegen aber erst im April in den Nestern.

Ums Haus und im Garten

Zugvögel, die schon aus dem Winterquartier zurückgekommen sind und sich auch mit dem Reviergesang melden, sind ums Haus und im Garten oft eher zu bemerken als draußen im Wald. Das etwas mildere Stadtklima und auch besserer Schutz vor ungünstiger Witterung spielen dabei eine Rolle. Zudem ist nicht selten das Nahrungsangebot günstiger, nicht zuletzt wegen der zahlreichen Futterhäuschen. Von manchen Arten sind den Winter über zumindest einige Individuen dageblieben; sie haben jetzt Verstärkung durch Artgenossen erhalten und machen sich im beginnenden Frühjahr eher bemerkbar. Wenn am Futterplatz auch ein Meisenknödel hängt oder Weichfutter, altes Obst usw. angeboten wird, sind z. B. nicht selten **Rotkehlchen, Heckenbraunellen** oder auch einmal **Wacholderdrosseln** als Gäste zu sehen.
Vor Sonnenaufgang ist der **Amsel-**Gesang auch in der Großstadt voller geworden. Noch bevor der Wecker den Beginn eines Arbeitstages einläutet, liegt er wie ein akustischer Teppich über den Häusern. Dazwischen melden sich **Buchfinken** und auch die ersten **Hausrotschwänze** mit ihren stotternden und stammelnden Strophen. Wer in Ortschaften wohnt, in denen neben der Amsel auch die **Singdrossel** Gartenvogel und Siedlungsbewohner geworden ist, kann vor allem gegen Ende März auch ihren Gesang vernehmen, der sich vor allem durch ganz unterschiedliche Motive, die meist in

Heckenbraunellen werden oft übersehen oder mit Spatzen und anderen grauen Vögeln verwechselt.

mehrfacher Wiederholung aneinander gereiht werden, und rhythmische Gliederung von den fließenden Flötenstrophen der Amseln unterscheidet. Wenn es ganz hell geworden ist, taumeln **Grünfinken** in ihrem Singflug ähnlich großen Schmetterlingen durch die Luft. Für sie sind Antennen oder Blitzableiter auf Hausdächern beliebte Singwarten. Auch **Girlitze** sitzen gern einmal auf einer Antenne, um ihren klirrenden Gesang hören zu lassen, der so klingt, also ob man einen geschliffenen Glasstöpsel in seiner Fassung hin und herdreht. Manches **Haussperlingsmännchen** sitzt dagegen lieber exponiert am Hausgiebel und lässt in rhythmischer Folge ein paar Schilp-Laute hören. Das ist sein Gesang, mehr kann es nicht, doch dieser »Nestruf« leitet wie bei anderen Singvögeln mehr oder minder kunstvoller Gesang die Fortpflanzungszeit ein. Vielleicht sehen wir bei einem Blick auf die Dächer auch einmal eine **Bachstelze** mit wippendem Schwanz den First entlangtrippeln.

In vielen Städten haben sich neben den verwilderten Haustauben auch **Ringeltauben** und **Türkentauben** breit gemacht. Der Gesang der beiden Tauben ist mit einiger Übung leicht zu unterscheiden. Die zierlichen Türkentauben lieben es meist 3-silbig mit der Betonung auf der mittleren Silbe, wie »gu-gúu-gu«, die doppelt so großen Ringeltauber rufen mindestens 4-silbig mit der Betonung am Anfang, wie »rúh-gu-gugu«.

In Park und Wald

Auch im Park mit hohen Bäumen und im dichten geschlossenen Wald begegnen uns nicht selten rucksende Ringeltauber, die aber in den Bäumen viel schwerer zu beobachten sind als zwischen den Häusern und oft erst auffallen, wenn sie mit klatschendem Flügelschlag auffliegen. Türkentauben sind dagegen keine typischen Parkvögel und schon gar nicht im geschlossenen Wald anzutreffen.
Ab Mitte März meldet sich ein unscheinbar kleiner, graugrüner Vogel, den man leicht übersehen könnte, meist unüberhörbar und vor allem leicht kenntlich zu Wort: Der **Zilpzalp** singt gewissermaßen seinen Namen in rhythmischer Folge.
Mit dem einprägsamen und markanten Gesang ist auch dem Einsteiger in das Erkennen von Vogelstimmen ein Erfolgserlebnis sicher. Schwieriger wird es bei feinen Stimmchen, die aus dichten Nadelbäumen dringen. Die kleinsten einheimischen Vögel, die **Wintergoldhähnchen,** sind durch zurückgekehrte Artgenossen häufiger geworden und lassen jetzt ihren feinen Gesang hören, der wie ein leises sich in der Tonhöhe auf und ab bewegendes Wispern klingt. Man muss genau hinhören, um diese Stimmchen sicher anzusprechen. Aber damit nicht genug. Denn im März dürfen wir auch mit **Sommergoldhähnchen** rechnen, die aus dem Winterquartier in milderen Gegenden West- und Südeuropas zurückgekommen sind. Ihr Gesang ist etwas kräftiger und bewegt sich auf einem Ton. Die Tonfolge wird gegen Ende der Strophe lauter und schneller. Wenn man sich mit Tannen- und Haubenmeise schon in den Wintermonaten vertraut gemacht hat, kann man jetzt das Stimmengewisper in dichten Fichtenbeständen schon fast vollständig einordnen.

Haubentaucher bei der Balz.

Aus großen, noch stillen Fichtenwäldern hört man im März auch einen Gesang, der dem der allbekannten Amsel außerordentlich ähnlich ist. Die Strophen sind aber kürzer, immer wieder von kleinen Pausen unterbrochen und nicht so vielseitig wie die Flötenreihen der Amseln. Das ist der Gesang der **Misteldrossel**, der größten heimischen Drosselart. Auf einer Waldlichtung fliegen vielleicht unter hartem »trrr« einige große graubraune Drosseln auf.
Vom Garten her bekannte Gesänge lassen sich auch im Wald vernehmen. Da klingeln die Kohlmeisen und schmettern die Buchfinken. Und gegen Abend zu sind die melancholisch perlenden Strophen der **Rotkehlchen** zu hören. Aus dichten Jungfichten klingt das vom Winter her im Garten bekannte »dü« des Gimpels, Heckenbraunellen und die beiden Baumläuferarten singen, Kleiber pfeifen, der Eichelhäher rätscht, und Spechte trommeln. Da der eigentliche Frühling mit seinem Vogelkonzert noch bevorsteht, können Märzspaziergänge einen guten Einstieg bilden und zu manchen Entdeckungen führen, die man später übersieht.

Auf Wiese und Feld

An einem windstillen Märztag liegt in der Luft ein hoher trillernder Vogelgesang, von vielen Dichtern besungen, heute kaum noch von Menschen wahrgenommen und an vielen Ort auch leider längst verstummt: **Feldlerchen** markieren ihr künftiges Brutrevier mit einem langanhaltenden ununterbrochenen Gesang hoch über dem Boden. Ihnen stehen in der offenen Wiesen- und Ackerlandschaft keine hohen Singwarten zur Verfügung. Also fliegen sie zum Singen hoch in die Luft. Feldlerchen haben aber unter der modernen, technisierten Bodenbewirtschaftung mit all ihren Folgen stark zu leiden. Ihre Bestände nehmen bedrohlich ab. Dem einstigen Symbol der landwirtschaftlich genutzten Kulturlandschaft droht das Aus, nicht nur bei uns, sondern in vielen Ländern Europas.
Auch den **Kiebitzen** geht es schlecht. In den jetzt im März besetzten Revieren auf Wiese oder Acker, von den Männchen mit tollen Flugkapriolen markiert, werden wohl nur wenige Junge flügge werden. Zu groß sind die Gefahren einer großflächig mechanisierten Bodenbearbeitung. Zu früh kommen die Kreiselmäher, um das erste Gras zu schneiden. Größere Kiebitztrupps, die man über Wiesen und Felder fliegen sieht, bestehen höchstwahrscheinlich aus Durchzüglern.

Tipps

- **Kurzstreckenzieher** unter den Zugvögeln kommen an, z. B.: Bachstelze, Feldlerche, Girlitz, Hausrotschwanz, Kiebitz, Misteldrossel, Rohrammer, Rohrweihe, Singdrossel, Sommergoldhähnchen, Star, Zilpzalp.
- **Vogelgesänge** werden zahlreicher.

Herausforderungen des Monats:

1. Doppelgängersuche: Winter- und Sommergoldhähnchen, Gesänge von Wald- und Gartenbaumläufer (siehe Februar)
2. Schwer zu erkennen: Heckenbraunelle
3. Welcher Specht trommelt da?

März

An Hecken und kleinen Gehölzen der Agrarlandschaft, sofern noch einige übrig geblieben sind, haben **Goldammern** ihre Reviere bezogen, und die Männchen schmettern ihr einprägsames Lied. Mit kurzen keckernden Lauten und einem hastigen Gesang melden sich die **Bluthänflinge**. Die Männchen im Prachtkleid leuchten jetzt mit roter Brust und roter Stirn, ihren Namen tragen sie zu Recht. **Stare** suchen am Boden schreitend eifrig nach Nahrung. Man sieht sie jetzt einzeln oder in kleinen Trupps; in den Gärten oder an Bauernhäusern singen die Männchen bereits flügelschlagend vor ihren Nistkästen. Auch **Drosseln** sind noch auf kurzrasigen Wiesen oft in Trupps oder auch größeren Scharen bei der Nahrungssuche. Im Unterschied zu Staren schreiten sie nicht, sondern hüpfen. Singdrosseln, Amseln, Mistel- und Wacholderdrosseln kann man in größeren gemischten Schwärmen nebeneinander beobachten; vielleicht sind auch einmal Rotdrosseln auf dem Zug in ihre nordeuropäische Brutheimat dabei.

Sommergoldhähnchen

Greifvögel machen jetzt ebenfalls auf sich aufmerksam. Hoch über der Wiese nahe am Waldrand dreht ein Paar **Mäusebussarde** seine Kreise. Die beste Zeit, die Thermikflieger zu sehen, ist der späte Vormittag bei Sonne, wenn sich die Luft schon etwas erwärmt hat. **Turmfalken** stehen mit hastigem Flügelschlag bei der jetzt lohnenden Mäusejagd rüttelnd in der Luft und sind an dieser typischen Flugweise schon auf große Entfernung und bei ungünstigem Licht einwandfrei anzusprechen. Wer Glück hat, kann wohl auch einmal einen **Rotmilan** oder noch eine der letzten überwinternden **Kornweihen** entdecken.

Am Wasser

Auf dem See beginnen die Winterscharen der Wasservögel kleiner zu werden. Viele Arten sind bereits in nördlichere Brutgebiete abgezogen, aber einige **Schellenten** und **Gänsesäger** sind noch da, natürlich auch noch **Reiher-** und **Tafelenten**. Die großen Gruppen der **Blässhühner** haben sich aufgelöst. Dafür sieht man jetzt am Ufer, vor allem dort, wo noch Altschilfreste, Rohrkolben oder Binsen stehen, einzelne Paare aufgeregt umherschwimmen. Kleine, aber durchaus heftige Auseinandersetzungen an Reviergrenzen, die in regelrechte spritzige Raufereien ausarten, sind häufig zu beobachten. Das hat dem Blässhuhn den Ruf eines unverträglichen Vogels eingetragen, der andere Wasservögel vertreibt. Doch das stimmt so nun auch wieder nicht, denn es geht in erster Linie um Streit mit Artgenossen. Gründelenten sind jetzt sehr unruhig geworden. Die Erpel der **Stockenten** und **Krickenten** scharen sich oft zu kleinen Gruppen um ein Weibchen und führen ihre »Gesellschaftsspiele« auf. Das ist ein Drängeln und dauerndes Gefiederschütteln mit allerlei Bewegungsritualen, die oft so schnell ablaufen, dass man sehr sorgfältig beobachten muss, um alles mitzubekommen. Auch akustisch bieten die balzenden Männchen etwas: Krickenten machen ihrem Namen Ehre und lassen klangschöne Rufe auf »ü« oder »i« vernehmen, die schwer in Wörtern wiederzugeben sind. Stockerpel stoßen einen kurzen Pfiff aus, bei dem sie sich aus dem Wasser hochrecken. Stockenten fliegen jetzt auch viel herum, nicht selten sieht man mehr als ein Männchen hinter einem Weibchen herjagen.

Tauchenten sind dagegen nach wie vor weniger flugfreudig, doch kommt auch in die sonst ruhig auf dem Wasser liegenden **Reiher-** und **Tafelenten** etwas mehr Bewegung: Mehrere Männchen gruppieren sich um einzelne Weibchen und machen durch Hochwerfen des Kopfes und hastiges Herumschwimmen auf sich aufmerksam. Tafelerpel legen sich auch oft mit vorgestrecktem Hals aufs Wasser.

Haubentaucher tragen jetzt ihr volles Prachtkleid, und an ersten Frühlingstagen kann man die Paare bei ihren merkwürdigen Balzzeremonien mitten auf dem See beobachten: Zwei Partner schwimmen mit gestrecktem Hals unmittelbar voreinander und schütteln abwechselnd ihren Kopf. Haubentaucher machen sich auch durch ihre weithin hörbaren keckernden und dunklen Rufe bemerkbar. Die kleinen, wenig auffälligen **Knäkenten** sind aus dem Winterquartier zurückgekommen, machen aber wohl nur kurze Rast. Auch die prächtigen **Löffelenten** und vielleicht auch ein paar **Spießenten** sind zu den vom Winter her bekannten Wasservogelarten dazugekommen. Im Schilf lassen die **Rohrammern** ihre einfachen Strophen hören; die Männchen sind an den schwarzen, durch ein

Turmfalken erspähen ihre Beute im Rüttelflug.

weißes Halsband abgesetzten Köpfen leicht kenntlich. Vielleicht gaukelt über dem großen Schilffeld auch schon eine **Rohrweihe,** die die streitenden Blässhühner ihren Zwist um Revierbesitz vorübergehend vergessen lässt.

Vor allem bei kleineren Winterrückschlägen lohnt sich ein Blick auf schlammige und steinige Uferränder, denn sie sind für hungrige Singvögel ein Zufluchtsort. Da trippeln **Bachstelzen** eifrig auf der Nahrungssuche herum, auch **Hausrotschwänze** sind vorübergehend ans Wasser ausgewichen, am Fluss kann man vielleicht **Gebirgsstelzen** entdecken und oft auch unauffällige, unterseits mehr oder minder deutlich gestrichelte Pieper. Mit dunklen Beinen, meist auch schon zart rosa angehauchten Unterseite und grauem Kopf sind **Bergpieper** im Prachtkleid auszumachen, die noch nicht an ihre schneebedeckten Brutplätze in den Alpen zurückgekehrt sind. Helle Beine und bräunliche Fleckung auf der hellen Unterseite kennzeichnen **Wiesenpieper**, die vor allem im nördlichen Mitteleuropa häufig sind.

April

Jede Woche neue Vögel

Mönchsgrasmück
(Männchen)

Auch durch einen launischen April lässt sich der Vogelfrühling kaum aufhalten. Jetzt kommen nach und nach die Langstreckenzieher unter den Zugvögeln zurück; vor allem in der zweiten Aprilhälfte kann es lebhaft werden. Die Rückkehr der Langstreckenzieher ist, wie man durch eingehende Laborforschungen weiß, nicht so sehr vom Wetter abhängig wie bei den Kurzstreckenziehern, die wir schon ab März erwarten können. Bei ihnen bestimmt vor allem das Längerwerden der Tage, als Teil der so genannten Photoperiode, den Fahrplan, sie sind also stärker astronomisch geeicht. Das soll nun nicht heißen, dass wir Jahr für Jahr pünktlich auf den Tag mit der Rückkehr von Kuckuck oder Mehlschwalbe rechnen können. Es gibt immer wieder »Ausreißer« und Zufälle, die erste Ankömmlinge in ein Gebiet bringen oder nicht. Eine Schwalbe macht bekanntlich noch keinen Sommer, und so sind die ersten Ankömmlinge auch biologisch nicht so entscheidend. Es kommt vielmehr darauf an, wann die Masse des Bestandes eintrifft und wann die zukünftigen Brutvögel ihre Reviere besetzen und mit der Wahl ihres Brutplatzes beginnen. Außerdem melden sich nicht alle Ankömmlinge gleich mit Gesang und werden daher auch nicht sofort von uns registriert.

Die ersten **Mönchsgrasmücken** können schon in den letzten Märztagen auftauchen. Aber meistens werden wir sie erst im April richtig wahrnehmen, und zwar wohl eher akustisch als optisch. Ein kurzes hartes »teck«, fast schmatzend und oft mit dem Ton verglichen, der entsteht, wenn man zwei Kiesel aneinanderschlägt, verrät dem Kenner die Anwesenheit der am frühesten heimkehrenden Grasmücke im Gebüsch. Der Gesang besteht aus einem leiseren schwätzenden Vorgesang und einem lauten Motivgesang, der mit seinem reinen Flötenstrophen zu den schönsten Vogelgesängen in Garten und Park zählt. Er fällt sogar Leuten auf, die sonst kaum auf Vogelstimmen achten. Mönchsgrasmücken sind wie alle Grasmücken richtige Buschvögel, aber in der Wahl ihres Lebensraums am vielseitigsten und daher die bei uns am weitesten verbreitete Art ihrer Gruppe und vor allem in Garten und Park am häufigsten. Die Männchen erkennt man leicht an der schwarzen Kopfplatte, die bei den Weibchen braun ist. Man darf sich aber nicht von den ebenfalls schwarzkappigen Sumpfmeisen täuschen lassen, die viel rundlicher sind, eine weißliche Backe und einen schwarzen Kehllatz tragen. Die Gartengrasmücke, die ungeachtet ihres Namens in Gärten gar nicht so häufig ist, kommt erst deutlich später an, kaum vor den letzten Apriltagen, oft erst Anfang Mai. Sie ist ein typischer Langstreckenzieher, der in Afrika südlich der Sahara überwintert. Unsere Mönchsgrasmücken ziehen nur bis Südwesteuropa und nach Nordafrika, neuerdings überwintern auch einige im südlichen England

Gartenrotschwanz: Männchen

Weibchen

und profitieren vom eifrigen Vogelfüttern der Briten. Sie sind wesentlich winterhärter als Gartengrasmücken, und Einzelne überraschen aufmerksame Vogelbeobachter gelegentlich sogar in der kalten Jahreszeit bei uns. Doch wie gesagt, Vorsicht, nicht jeder kleine Singvogel mit schwarzer Kappe ist eine Mönchsgrasmücke!
Grasmücken sind wie die kleineren Laubsänger, von denen der Zilpzalp uns schon seit Mitte März mit seinem kleinen Liedchen erfreut, ausgesprochene Insektenjäger mit relativ schlankem Schnabel. Alle Grasmückenmännchen tragen schöne und charakteristische Gesänge vor, die aber nicht immer leicht auseinanderzuhalten sind. Gartengrasmücken orgeln mehr mit etwas kehligen Tönen in längeren Strophen, Mönchsgrasmücken flöten. Wenn übrigens ein braungrauer, kräftiger, aber insgesamt doch schlanker Singvogel ins Fernglas gerät, der überhaupt keine markante Zeichnung aufweist oder irgendein anderes Merkmal zeigt, an das man sich halten könnte, dann handelt es sich in der Regel um eine Gartengrasmücke. Gute Sänger geben sich gern bescheiden, die Nachtigall ist das bekannteste Beispiel dafür.

Ums Haus und im Garten

Der April beschert uns auch eine zweite Rotschwanzart. Deutlich später als Hausrotschwänze kommen die ersten **Gartenrotschwänze** zurück, die in den Savannen Westafrikas und in Zentralafrika überwintern. Im Prachtkleid sind die Männchen mit weißer Stirn, schwarzer Kehle und orangeroter Brust deutlich bunter als die überwiegend grauschwarzen Hausrotschwanzmännchen. Aber bei den Weibchen wird es schwierig. Weibliche Gartenrotschwänze sind oberseits weniger grau als Hausrotschwänze, ihre Unterseite ist deutlich heller und mehr rostfarben getönt. Weibliche Hausrotschwänze wirken auch hier mehr grau. Die Unterschiede sind aber nicht immer auf den ersten Blick zu erkennen, und für später im Jahr ist es schon wichtig, sich mit den Rotschwanzweibchen vertraut zu machen. Werden im Garten oder auf der Terrasse flügge Rotschwänze außerhalb des Nestes von einem Weibchen gefüttert, ist es nicht immer ganz leicht, zu entscheiden, um welche Art es sich handelt, vor allem auch, weil das Gefieder des Weibchens nach der Brutzeit oft etwas ramponiert wirkt. Gartenrotschwänze haben in letzter Zeit stark abgenommen, ihr Bestand hat sich zwar wieder etwas erholt, doch sind sie deutlich seltener als Hausrotschwänze und unserer besonderen Aufmerksamkeit wert.

Wenn man nicht auf dem Land wohnt und kaum in die Luft schaut, fällt vielleicht gar nicht auf, dass im Lauf des April die Schwalben zurückgekommen sind. Die ersten sind die **Rauchschwalben,** von denen wir einzelne Vorboten schon im März erwarten dürfen. Deutlich später sind die **Mehlschwalben** dran, die in der Regel nicht vor April erscheinen. Vor dem Haus auf dem Leitungsdraht oder im Anflug an die alten Nester vom Vorjahr sind die beiden Arten gut auseinanderzuhalten. Rauchschwalben haben lange Schwanzspieße und eine dunkel braunrote Kehle. Der Schwanz der unterseits ganz weißen Mehlschwalbe ist nur leicht gegabelt. Von oben sieht man einen weißen Fleck an der Schwanzwurzel.

Es lohnt sich auch, die beiden Schwalbenarten aus größerer Entfernung bei ihrer Insektenjagd in der Luft zu verfolgen. Dann wird man bald Unterschiede im Flugbild erkennen und muss nicht mehr auf Einzelheiten der Gefiederzeichnung achten.

Und noch ein Unterschied ist entscheidend: Rauchschwalben legen ihre Nester in Innenräumen auf einer geeigneten Unterlage an. Viehställe mit ständigem Einlass durch offene Fenster und Luken sowie Simse um die Deckenränder als Nestbasis boten ihnen hervorragende Möglichkeiten. In modernen und natürlich auch »blitzsauberen« Häusern und Anlagen der spezialisierten Viehhaltung gibt es kaum mehr solche Chancen. Der Mangel an geeigneten Brutplätzen ist sicher ein Grund, warum Rauchschwalben bei uns merklich abnehmen. Nahrungsverlust durch zunehmende Insektenarmut und Luftverschmutzung kommt dazu. Davon ist auch die Mehlschwalbe betroffen, deren Nester in der Regel außen am Haus unterm Dach angeklebt sind, oft in einer Kolonie dicht beisammen. Dass besonders reinliche Hausbesitzer den Mehlschwalben ihren Nest-

Rauchschwalbe, die Männchen tragen besonders lange Schwanzspieße.

bau verwehren und sogar alte Schwalbennester herunterschlagen, gehört zu den Absurditäten menschlichen Ordnungssinns, ebenso wie übrigens das ständige Rasenscheren im Garten das ganze Sommerhalbjahr über. »Naturschutz schön und gut, aber nicht bei mir an meinem Haus und in meinem Garten« ist leider eine weitverbreitete Einstellung, die Lebensvielfalt vernichtet.

Zu den vor Jahrzehnten noch bekannten Gartenvögeln, die im April zurückkommen, aber heute zu fast verschwundenen Raritäten geworden sind, zählt der **Wendehals,** einstmals ein typischer Obstgartenbewohner. Selbst in Parkanlagen oder Feldgehölzen und Alleen ist er heute so gut wie nicht mehr anzutreffen. Vielleicht hat man bei besonderer Aufmerksamkeit einmal das kurze Glück, einen der merkwürdigen, rindenfarbigen Vögel als Durchzügler für eine halbe Stunde auf dem Rasen zu sehen, wo er vor allem Ameisen sucht. Hauptursache für den Bestandseinbruch sind Verlust und Rückgang der Ameisen als Folge von Überdüngung und Ausräumung der Landschaft, stellen Wissenschaftler lakonisch fest.

Dort, wo noch **Weißstörche** brüten, sollten im April die Altvögel an den Nestern zurück sein. Vielleicht finden noch Auseinandersetzungen um ein altes Nest aus dem Vorjahr statt, vielleicht ist aber auch nur ein Partner zurückgekommen, und die Zeichen für eine Brut stehen schlecht. Jedenfalls ist wohl bis Anfang Mai endgültig entschieden, ob es in diesem Jahr zur Brut kommt.

In Park und Wald

Wenn man vor allem in den Morgenstunden im Garten Büsche und Bäume absucht, kann man manchmal kleine insektenjagende Singvögel sehen, die allerdings große Schwierigkeiten machen, sie beim raschen Umherhuschen im Blattwerk sicher zu bestimmen. Grasmücken und Laubsänger müssen nach einer Zugnacht ihre Reserven ergänzen. Oft sind sie rasch schon ein kleines Stück weiter, ehe wir Einzelheiten erkennen konnten.

Im Park und auch im Wald, vor allem im Auwald oder an Waldrändern, haben wir sicher mehr Glück. Hier werden dann auch schon Reviere bezogen, und die Männchen melden sich mit ihrem Gesang. Ähnliche Vögel haben oft ganz verschiedenen Gesänge. Diese Regel hilft auch im April oft weiter. Der seit Mitte März seinen Namen singende Zilpzalp hat jetzt einen optischen Doppelgänger bekommen, den **Fitis**. Auch sein Name ist vom Gesang abgeleitet: In der melancholischen Flötenstrophe kann man mit etwas Fantasie die Silbe »fit« heraushören. Fitisse leben an ganz ähnlichen Plätzen wie Zilpzalpe, sind aber seltener in Gärten und im Hochwald anzutreffen, dafür mehr in gebüschreichen Waldlichtungen oder in Büschen am Wasser.

Noch ein dritte Laubsänger ist ab Mitte des Monats in Wald und Park zu hören, besonders wenn hohe Bäume ein geschlossenes Kronendach bilden: der **Waldlaubsänger.** Er schätzt vor allem Buchen und meldet sich mit klangreinen Pfeiflauten, die etwas an die Pfiffe des Gimpels erinnern, und einem schwirrenden Gesang. Im Singflug hört man als Einleitung mehrer kurze »sip sip ...«, bei dem abschließenden Schwirrer, den man etwa mit »sirrrrrrr ...« wiedergeben kann, sitzt der Vogel dann schon. Waldlaubsänger sehen ähnlich aus wie Fitis und Zilpzalp, haben aber eine grünlichere Oberseite. Der grünlichgelbe Hals ist scharf vom weißen Bauch abgesetzt. Wenn man sich Waldlaubsänger im Hochwald

oder im großen Park mit alten Laubbäumen gut angesehen hat, wird man vielleicht auch einmal einen Durchzügler entdecken, der in einer hohen Birke am Haus eifrig nach Insekten sucht.
Der auffälligste Ankömmling oder Durchzügler unter den Insektenjägern ist der **Trauerschnäpper,** jedenfalls das Männchen im Prachtkleid. Die dunkel braungraue oder schwarze Oberseite bildet einen scharfen Kontrast zur reinweißen Unterseite, ein weißer Flügelspiegel hebt sich wie ein Signal ab. Die Weibchen sind oberseits bräunlich, die Kontrastwirkung zur weißen Unterseite ist geringer. Doch fallen Trauerschnäpper schon allein durch ihr »nervöses« Verhalten auf. Sie fangen in kurzen Jagdflügen von einer Sitzwarte aus fliegende Insekten. Im Garten sind sie meist nur kurz verweilende Durchzügler, in Park und Wald brüten sie in Baumhöhlen und sind vor allem auf Nistkästen angewiesen. Ein genauer Blick auf schwarzweiße Fliegenschnäpper lohnt sich, denn es könnte sich ja auch einmal um den wesentlich selteneren **Halsbandschnäpper** handeln. Der dem Trauerschnäpper nah verwandte »Doppelgänger« brütet im südlichen Deutschland, aber auch in Osteuropa. Daher kann überall einmal ein Durchzügler auftauchen. Die auffallend schwarzweißen Männchen lassen sich am weißen Halsband leicht vom Trauerschnäpper unterscheiden. Bei den Weibchen wird es schwierig, da hilft nur eine sorgfältige Kontrolle der Form des weißen Flügelspiegels und möglichst umgehend ein Blick in einen guten Vogelführer.
Am Waldrand oder dort, wo hohe Bäume locker an einer Lichtung oder einem trockenen Hang stehen, überrascht uns ein Singvogel mit einer schmetternden Strophe, die an einen Kanarienvogel erinnert und dann oft mit auffällig gedehnten Lauten, wie »zija zija …« endet. Der Sänger steigt dabei fast senkrecht von einem Baumwipfel oder einer anderen erhöhten Sitzwarte auf, fängt kurz vor der dem Gipfelpunkt das Singen an, kurvt ein wenig herum und lässt sich dann bei den gezogenen Schlussteilen mit ausgebreiteten Flügel und gespreiztem Schwanz wie an einem Gleitschirm langsam herunterfallen. Dieses Kunststück der Reviermarkierung bietet der **Baumpieper,** bis vor kurzem weit verbreitet und häufig in halboffenen Baum- und Waldlandschaften. In neuester Zeit sind durch die Folgen der heutigen Land- und Forstwirtschaft und des enormen Nährstoffeintrags in fast alle Böden die Bestände des Bodenbrüters allerdings drastisch zurückgegangen.

Der Kuckucks»ruf« ab Mitte April ist der Gesang der Männchen. Weibchen lassen ein hohes Trillern hören.

Neben dem Weißstorch ist der **Kuckuck** der bekannteste Zugvogel, der spätestens im April zu erwarten ist. Der berühmte erste Kuckucks»ruf« ist der Reviergesang des Männchens, Kuckucks-

Schafstelzen leben auf kurzrasigen Wiesen und Äckern. Sie haben in unserer modernen Agrarlandschaft stark abgenommen.

männchen singen also ihren Namen. Weibchen lassen ein hohes Trillern oder Kichern hören, aber meist erst später im Mai. Kuckucke sind vielseitig und keine reinen Waldvögel. Man begegnet ihnen häufig auch in offenen Landschaften mit einigen Hecken oder kleinen Gehölzen oder am Wasser in Weidenbüschen.

Auf Wiese und Feld

Immer noch singen die Feldlerchen über Wiesen und Äckern. Auch mit kreisenden Mäusebussarden und rüttelnden Turmfalken kann man Bekanntschaften vom März auffrischen. Die Drosseltrupps sind verschwunden; nahrungssuchenden Wacholderdrosseln wird man in der Nähe von Feldgehölzen begegnen, ebenso Sing- und vielleicht auch Misteldrosseln nicht weit entfernt von Waldrändern. Sie wie auch Stare bevorzugen Flächen mit noch kurz stehendem Gras. Dort suchen übrigens auch oft **Rabenkrähen** nach bodenbewohnenden Kleintieren, vor allem Regenwürmern.

Auf Weidezäunen und Zaunpfosten, aber auch an Grabenrändern mit höheren Stauden und Halmen oder auf etwas verwildert erscheinenden Grünflächen lässt sich ein bescheiden singender Neuankömmling sehen, der fast überall bei uns ausnehmend selten geworden ist: **Braunkehlchen** können mit ausgeräumter Agrarlandschaft nichts mehr anfangen. Sie brauchen für ihre Nester Flächen mit vielfältiger Krautschicht und höheren Stauden als Ansitzwarten, wie man sie heute fast nur noch an Säumen von Gräben oder Wegböschungen findet. Die lebhaft gezeichneten Vögel haben sich daher vielfach von der Wiese auch auf die Reste von Mooren oder Flächen nahe am Wasser zurückgezogen, die nicht so intensiv bewirtschaftet werden.

Im April kommen auch **Steinschmätzer** zurück, als Brutvogel im Norden und Osten Deutschlands häufiger als im Süden, wo sie nur noch an ganz wenigen Stellen brüten. Durchzügler erscheinen aber ab Ende März/Anfang April fast überall im offenen Land. Gern sitzen sie auf Weidezäunen, Drahtleitungen oder auf dem First kleiner Scheunen. Oft blitzen aber auch auf Schollen in frisch umbrochenen Äckern oder an einem kleinen Steinhaufen ihre weißen Bürzel und Schwanzwurzeln beim Abfliegen oder Landen auf. Noch bis in den Mai hinein kann man mit dem Durchzug nordischer Steinschmätzer rechnen. Als Brutvögel sind sie nur auf offenen Flächen mit karger Vegetation anzutreffen, die auch Schutzmöglichkeiten für die Nester bieten. Auf abgetorften Mooren, in Kies- und Sandgruben, auf Abraumhalden, Truppenübungsplätzen, auch an sandigen und steinigen Hängen, ja sogar in Felsen der Alpen oberhalb der Baumgrenze sind sie daheim. Das heutige Agrarland hält sie nur kurz auf dem Durchzug.

Bachstelzen haben auf Acker und Wiese spätestens im April noch ein Gegenstück bekommen: Die etwas kurzschwänzigeren und leuchtend gelbbäuchigen **Schafstelzen** sind kaum zu übersehen. Allerdings haben auch sie wie fast alle Vögel der Agrarlandschaft in jüngerer Zeit stark abgenommen. Auf kurzrasigen Wiesen und noch unbestellten Äckern laufen sie jetzt lebhaft herum. Als Brutvögel ziehen sie extensiv genutzte Weiden und vor allem etwas feuchte Grünflächen vor. Man sieht sie als Durchzügler auch auf Schlammflächen an Seen, jedoch kaum wie die ebenfalls gelbbäuchigen Gebirgsstelzen auf Kiesbänken und Wehranlagen an Flüssen.

Am Wasser

Auf der offenen Wasserfläche des Sees sind die Schwimmvögel im Mai weniger geworden, vielleicht sogar ganz verschwunden. Am Schilfrand kann vielleicht ein **Blässhuhn** an seinem beachtlich aufwändigen Nest bauen oder sogar schon auf den Eiern sitzen sehen. Die **Haubentaucher** balzen zwar noch, doch der eine oder andere sitzt ebenfalls bereits auf seinem Nestfloß im Wasser oder nahe am Ufer. Auch die **Höckerschwäne** brüten auf ihrer mächtigen Nestburg, von der man sich am besten fern hält, denn Schwäne

Schwarzhalstaucher tragen jetzt ihr Prachtkleid.

Zu den regelmäßigen nordischen Durchzüglern an flachen Ufern zählt der Grünschenkel.

können aggressiv sein, vor allem, wenn sie später ihre Jungen führen. Sehen wir von den **Stockenten** jetzt nur noch einige Erpel herumschwimmen, bedeutet das, dass die Weibchen wohl überwiegend auf den Eiern in gut versteckten Nestern sitzen und brüten.

Auf dem Wasser ist der Vogelzug jetzt vielleicht nicht mehr so auffällig, doch genauer hinsehen lohnt fast immer. Bei flüchtigem Blick wären uns vielleicht die kleinen **Schwarzhalstaucher** entgangen, die im Prachtkleid mit ihren rostbraunen Flanken, den gelben Ohrbüscheln und dem hochgestellten Scheitel zu den prächtigsten Frühjahrsvögeln auf dem Wasser zählen. Sie sind bei uns als Brutvögel nicht häufig, bauen aber auf kleineren nährstoffreichen Seen vor allem im Süden Deutschlands oft ihre Nester in der Nähe von **Lachmöwen**-Kolonien. Offensichtlich fühlen sie sich in der Nachbarschaft der lärmenden Möwen besonders gut aufgehoben. An einem Teich, Baggersee oder Stausee, an dem sich Lachmöwen angesiedelt haben, bestimmt der Lärm der Kolonie mit unterschiedlicher Intensität je nach dem Grad der Aufregung den Geräuschpegel.

Doch nicht alles, was weiß ist und elegant über das Wasser fliegt, ist eine Möwe. Mit schlanken Schwingen suchen **Flussseeschwalben** nach kleinen Fischen unter der Wasseroberfläche, die sie dann in einem rasanten Sturz aus dem Wasser holen. Stoßtauchen ist die Spezialität der Seeschwalben, von denen die meisten im Binnenland selten sind. Küstenseeschwalbe oder Brandseeschwalbe kann man ab April jedoch an der Nordseeküste begegnen. Weitere Seeschwalben sind dann im Mai zu erwarten.

Interessantes mag im April und Mai ein sorgfältiges Durchmustern von flachen Ufern, Kiesbänken oder Schlammflächen bringen. Auch wenn irgendwo nach ergiebigen Frühjahrsregen eine Wiesensenke vorübergehend unter Wasser steht oder sich in einer großen Sandgrube eine Pfütze gebildet hat, lohnt sich ein Halt: Solche Stellen sind beliebte Rastplätze für nordische Watvögel, die auch tief im Binnenland einige Tage zur Rast einfallen und auf Schlammflächen oder im Seichtwasser nach Nahrung suchen. Im April ist am ehesten mit **Großen Brachvögeln** und **Uferschnepfen** zu rechnen. Diese großen Vertreter ihrer Gruppe sind leicht zu identifizieren. Schwieriger wird es mit den kleineren und schlankeren Wasserläufern. **Grünschenkel** fliegen mit wohlklingendem »kjü kjü kjü« auf und sind an ihrem charakteristischen Rufe selbst dann sicher anzusprechen, wenn man sie gar nicht sieht. Mit hellen raschen »gigipgipgip« melden sich die nicht einmal amselgroßen **Bruchwasserläufer.** Eben-

falls problematisch ist es mit den im Frühjahr an manchen Stellen recht häufigen **Kampfläufern,** die sich stimmlich gar nicht melden. Man kann sie an den für einen stochernden Watvogel relativ kurze Schnäbeln erkennen. Aber ohne gutes Bestimmungsbuch wird man sich anfänglich unter den an Schlammflächen und im Seichtwasser möglichen Gästen kaum zurechtfinden.
Auch ins Schilf ist im April mehr Leben gekommen. Gegen Ende des Monats melden sich die **Teichrohrsänger** mit ihrem etwas abgehackten, fast metronomartigen Gesang zu Wort. Wir haben zwar noch im Mai Gelegenheit, sie zu hören und zu beobachten. Doch jetzt kann man die unscheinbaren braunen, schlanken Vögel vielleicht noch am ehesten an stehengebliebenen Altschilfhalmen klettern und sitzen sehen. Und wenn aus dichtem Uferbewuchs aus Schilf und Seggen Rufe zu hören sind, die eigentlich eher wie Schweinquieken klingen, nur nicht so durchdringend, sondern etwas gedämpft, dann dürfte es sich um eine **Wasserralle** handeln. Es ist sehr schwer, diesen Versteckkünstler einmal wirklich zu Gesicht zu bekommen. Eigentlich zählt es zu den besonderen Glücksfällen, wenn der geduckt laufende amselgroße Vogel mit dem nach oben gerichteten kurzen Schwanz sich am Rand des Uferbewuchses zeigt oder einmal über eine offene Strecke huscht. Einer weiteren Kostbarkeit kann man dort begegnen, wo in die Röhrichtzone Weidenbüsche eingestreut sind: Vielleicht sitzt dort tatsächlich ein singendes **Blaukehlchen** und zeigt seine herrlich blaue Kehle.
In die Luft schauen lohnt sich am Wasser im Frühjahr und Sommer immer mal. Jetzt im April ziehen die **Fischadler** durch. Es ist gar nicht so ungewöhnlich, einen dieser schlankflügeligen, unterseits weißen Greifvögel über einen See fliegen zu sehen. Seltener freilich hat man das Glück, dass der Fischjäger vor den Augen des Beobachters auf seine Beute herunterstürzt und mit ihr in den Fängen dann mit schwerem Flügelschlag wegfliegt.
Ein Blick in die Luft zeigt vor allem bei trübem Wetter die bereits im Dorf oder in der locker bebauten Vorstadt eingetroffenen Mehl- und Rauchschwalben. Unter den manchmal großen Schwalbenscharen sind oft noch kleine graubraune Schwalben zu entdecken, die sich nicht um Häuser oder über den Siedlungen sehen lassen: **Uferschwalben,** die in Deutschland recht selten geworden sind. Sie brüten in großen Kolonien in Sandgruben oder Uferabbrüchen, in die sie meterlange Röhren graben.

Tipps

> Viele **Langstreckenzieher** unter den Zugvögeln kommen an: Baumpieper, Braunkehlchen, Fitis, Gartenrotschwanz, Kuckuck, Mehlschwalbe, Rauchschwalbe, Schafstelze, Flussseeschwalbe, Trauerschnäpper, Uferschwalbe.

> Vielstimmiger **Vogelchor** an windstillen Tagen.

Herausforderungen des Monats:

1. Gesänge der Laubsänger Zilpzalp, Fitis, Waldlaubsänger
2. Gartenrotschwanz suchen (Männchen **und** Weibchen!)
3. Drei Schwalbenarten am Wasser

Mai

Immer noch Neuankömmlinge – Jungvögel melden sich

Mauersegler

Der Heimzug an die Brutplätze ist im Mai noch nicht abgeschlossen. Von den späten Langstreckenziehern sind noch bis mindestens Mitte des Monats Erstankömmlinge zu erwarten. Auch von bereits eingetroffenen Vogelarten füllen sich die Bestände weiter auf, und der Durchzug nordischer Vögel von Arten, die sich bei uns bereits um Brutreviere und Nestbau kümmern, ja vielleicht sogar schon auf ihren Gelegen brüten, kann noch bis Ende des Monats anhalten. Man darf den Vogelzug nicht als ein Ereignis ansehen, dessen Ablauf auf eine bestimmte Zeit begrenzt ist. So gut wie das ganze Jahr über sind irgendwann und irgendwo Vögel unterwegs. Schon regelmäßige kurze Kontrollen ums Haus zeigen, dass immer wieder Vögel vorbeikommen, die sicher nicht zu den Bewohnern der nächsten Umgebung zählen. Jetzt im Mai geht der Heimzug der heimischen Arten allmählich zu Ende, Frühankömmlinge und Standvögel haben längst Junge, die in diesem Monat schon flügge werden. Gleichzeitig sind Bewohner nördlicher Breiten noch nicht einmal in ihrem Brutgebiet angekommen. Vögel der Tundra z. B. sind erst im Juni dort.
Das Vogelkonzert ist im Mai am frühen Morgen besonders reichhaltig. In der Stadt wird es allerdings kurz vor Sonnenaufgang zunächst einmal von den Amseln bestritten. Erst nach und nach lassen sich andere bekannte und neue, noch unbekannte Gesänge vernehmen. Aber die vielzitierte Vogeluhr läuft nicht so genau. Im Mai singen fast alle Vögel auch irgendwann einmal untertags, am wenigsten bei sonnig warmem Wetter. Bei trübem Himmel ist tagsüber mehr Vogelgesang zu hören. Voraussetzung ist aber immer möglichst wenig Wind. Bei frischem Wind singen nur wenige Vögel. Und noch etwas: Männchen, die noch kein Weibchen gefunden haben, singen häufig viel mehr und intensiver als verpaarte. Schon dadurch werden die Zeitvorgaben so genannter Vogeluhren in klugen Büchern häufig durchbrochen. Früh aufstehen lohnt sich aber allemal, vor allem für einen Vogelstimmenspaziergang im Wald oder Park.
Tagsüber kann man im Garten auch neue Vogellaute vernehmen, die dem Kenner verraten, dass Junge erfolgreich im Nest großgezogen wurden und jetzt, meist noch von den Eltern betreut, ihre ersten Ausflüge unternehmen. Grünfinken, Kohl- und Blaumeisen sowie vor allem junge Amseln machen durch ständiges Rufen auf sich aufmerksam. Dadurch zeigen sie den Altvögeln ihren Standort an.
Als einer der pünktlichsten Zugvögel gilt der **Mauersegler,** den man am 1. Mai über den Häusern der Stadt erwartet. Meist sind die Ersten jedoch schon in den letzten Apriltagen eingetroffen oder sogar noch früher. Sie jagen anfangs meist in nahrungsreicheren Lufträumen, also z. B. am Wasser, ehe sie in die Stadt kommen, um sich

innerhalb der nächsten 1–2 Wochen eine Bruthöhle möglichst in hohen Bauten unterm Dach zu suchen. Moderne Bauweise, Sanierung von Altbauten und vor allem unzählige Umbauten während der Sommermonate machen den mit schrillen Schreien über dem tosenden Straßenverkehr jagenden Seglern das Leben schwer. Ihre Bestände nehmen ab, weil geeignete Bruthöhlen immer rarer werden. Man kann allerdings durch Spezialnistkästen, die man unter Dachvorsprüngen anbringt, Ersatz bieten. In manchen Städten haben Vogelschützer den Vögeln damit wirksam helfen können. Viele Seglerbruten gehen verloren, weil Nester bei Bauarbeiten zerstört werden; immer wieder findet man auch junge Segler, die aus dem Nest gefallen sind, auf dem Boden. Schlechtes Wetter sorgt für Futterengpässe, die Altvögel weichen über große Strecken in günstigere Jagdgebiete aus. Die Nestlinge können kurze Schlechtwetterperioden ohne Fütterung überstehen. Sie sterben aber unweigerlich, wenn man sie als Findlinge nach gutem Rat von Vogelschutzmerkblättern mit Hackfleisch oder Quark stopft. Sie brauchen Insekten, frisch oder aufgetaut aus dem Tiefkühlfach. Noch ist es im Mai aber nicht soweit. Die Segler führen ihren abendlichen und morgendlichen Gruppenflüge unter lebhaftem Rufen aus, die sich auch über den Zentren unserer Großstädte verfolgen lassen.

Ums Haus und im Garten

Der Mai bringt neben manchen anderen einen unscheinbaren grauen Vogel ans Haus, an dem eigentlich nichts besonders auffällt. Der **Grauschnäpper** ist zwar in Vogelbüchern mit einer mehr oder minder deutlichen Bruststrichelung abgebildet, doch davon sieht man nur aus geringer Entfernung etwas. Sonst präsentiert er sich als einfarbig grauer Singvogel, der nicht einmal richtig singt, sondern nur kurze raue Laute von sich gibt. Gute Kennzeichen sind immerhin die aufrechte Sitzhaltung und der etwas dicke Kopf, und sicher darf man sich sein, wenn man das typische Verhalten beobachten kann: Grauschnäpper sitzen ruhig mit manchmal zuckenden Flügeln da, unternehmen plötzlich einen kleinen Flug, um auf derselben oder einer anderen, nahe gelegenen Stelle wieder zu landen. Das ist ihre Art, fliegende Insekten zu jagen, vom Ansitz aus in einem kurzen Jagdflug. Die von Anfang Mai ab regelmäßig übers Haus jagenden **Mauersegler** werden wir dagegen kaum jemals sitzen sehen. Grauschnäpper sitzen gern auf Fernsehantennen, Zaunpfosten oder Mauervorsprüngen. Sie sind auch in Bäumen zu sehen und damit auch im Park oder sogar im Wald. Aber dort entgehen sie selbst aufmerksamen Vogelbeobachtern leicht. Umgekehrt verhält es sich mit manchen Erstankömmlingen oder Durchzüglern, die kurz einmal im Garten auftauchen, aber eher im größeren Park oder in Gehölzen und Waldstücken so zu beobachten sind, dass man ihre Artzugehörigkeit eindeutig bestimmen kann. Manche von ihnen, wie etwa der **Gelbspötter,** der früher auch einmal Gartenspötter hieß, und die **Klappergrasmücke,** sind in sorgfältig ausgeputzten Gärten freilich längst verschwunden.

10–15 Vogelarten bestreiten jetzt das morgendliche Vogelkonzert rund ums Haus, und fast alle sind, wenn auch nicht nebeneinander, aber irgendwann einmal auch tagsüber zu hören. **Buchfinken** schmettern fleißig den ganzen Tag über ihre Strophe, **Grünfinken** klingeln immer noch, in Abständen meldet sich der **Hausrot-**

schwanz vom Dach des Nachbarhauses, während Amseln meist nur in den frühen Morgenstunden singen. Untertags mischen sich aber zwischen die bereits bekannten Vogelgesänge auch bisher nicht gehörte Laute, die oft hartnäckig lange Zeit wiederholt werden und im Tageslauf immer wieder zu hören sind: Da melden sich die ersten Jungvögel zu Wort, die das Nest eben verlassen haben und von den Eltern noch betreut werden. Junge Grünfinken betteln unermüdlich »djil djil djil ...« in langen Reihen, junge Meisen rufen gedämpft »dsädsädsä ...«, **Kohlmeisen** deutlich kräftiger als **Blaumeisen**. Und aus dichtem Gebüsch hört man das »dschröt« der jungen Amseln. Empfindliche Gemüter können die ständigen Jungvogelrufe nervös machen. Aber das ist ja auch der Sinn der Sache – wenigstens für die Vogeleltern. Denn mit diesen Rufen betteln die noch kaum flüggen, jedenfalls noch keineswegs selbstständigen Jungen die Altvögel um Futter an und geben damit gleichzeitig auch ihren Standort kund. Als ungeschickter Jungvogel tut man freilich gut daran, sich möglichst wenig offen zu zeigen. Es ist daher nicht ganz einfach, die Jungen schon in den ersten Tagen, nachdem sie das Nest verlassen haben, zu beobachten.

Am ehesten sieht man **Jungamseln,** die oberseits helle Flecken zeigen und etwas rötlicher als die Weibchen wirken. Typisch ist vor allem auch der oft noch ziemlich kurze Schwanz. Junge Blaumeisen haben nicht weiße, sondern gelbliche Backen. Viele blaue Gefiederpartien der Altvögel sind bei ihnen grünlich. Auch junge Kohlmeisen weichen mit bräunlichem Kopf, gelblichen Gesichtsseiten und blasseren Farben deutlich vom gewohnten Bild der Altvögel ab. Die jungen Grünfinken sind auf der gelblich-grauen Unterseite kräftig dunkel gestrichelt. Jugendkleider kennen zu lernen zählt

Hilflose junge Amseln sind nicht aus dem Nest gefallen, sondern werden von den Altvögeln noch betreut.

ab jetzt zu den neuen Herausforderungen beim Vogelbeobachten. Bei vielen Arten geben sie uns auf den ersten Blick kleine Rätsel auf.

Einige häufige Missverständnisse gilt es noch kurz zu klären: Bei einer Reihe von Singvögeln verlassen die Jungvögel das Nest normalerweise schon, bevor sie selbstständig sind. Schreiende Jungvögel, die irgendwo herumsitzen, sind also nicht aus dem Nest gefallen. Junge Amseln werden noch 2–3 Wochen von den Eltern betreut, auch bei Blau- und Kohlmeisen bleiben die Familien normalerweise so lange beisammen, und Grünfinken betteln noch bis zu 14 Tagen nach

Futter. Es ist also nicht nur sinnlos, sondern in der Regel sogar schädlich, vermeintlich hilflose, aber doch schon voll befiederte Jungvögel mitzunehmen, um sie aufzupäppeln. Natürlich gerät eine junge Amsel mitunter mitten auf einen Weg oder sogar auf die Straße und damit in Gefahr. Man kann sie dann in die Hand nehmen und in nächster Nähe unter einen Busch oder an eine andere geschützte Stelle setzen. Die Furcht, die Altvögel würden den angefassten Jungvogel nicht mehr annehmen, ist völlig unbegründet.

In Park und Wald

Im Mai tut sich viel, und man erlebt vor allem, wie wichtig es ist, sich in Vogelstimmen einzuhören. Das frische Laub der Bäume und Büsche behindert zunehmend die Sicht, und es wird immer schwieriger, einen kleinen Vogel im Kronendach oder in dichten Sträuchern zu entdecken. Noch singen aber die Männchen aller Arten, die hier ihr Brutrevier besetzen wollen. Bei einigen sind die Ersten wohl schon in den letzten Apriltagen eingetroffen. Die Ereignisse überstürzen sich in manchen Jahren geradezu, sodass Anfang Mai noch etwas Zeit zum Nachholen eingeplant werden sollte.

Klappergrasmücke

In Gärten wohl nicht mehr so häufig zu hören wie früher ist ein Gesang, der sich jedenfalls in seinem lauten Teil leicht einprägt und aus dichtem Gebüsch an halboffenen Stellen, auch aus Hecken und in Waldlichtungen mit jungen Baumkulturen zu vernehmen ist: Ein schmetterndes, melodisches Klappern verhalf der **Klappergrasmücke** zu ihrem Namen. Man kann es wie den orgelnden Gesang der **Gartengrasmücke** auch schon im April hören. Jetzt ist es höchste Zeit, sich die Unterschiede zu den Mönchsgrasmücken einzuprägen, die immer noch fleißig singen. Eine einfache, hier noch einmal wiederholte Regel sagt: Mönchsgrasmücken flöten, Gartengrasmücken orgeln. Mit etwas Fantasie kommt man damit gut durch.

Leider lassen sich nicht alle Vogelgesänge mit wenigen Silben oder Wörtern beschreiben. In hohem Gebüsch oder in jungen Laubbäumen ist spätestens im Mai ein wirbelnder Gesang zu hören, der hastig vorgetragen wird und uns mit einem Potpourri von pfeifenden, aber auch ausgesprochen quäkenden und kratzigen Lauten überrascht. Der **Gelbspötter** beansprucht damit sein Revier, ein Vogel etwas größer als ein Laubsänger, etwas schlanker als eine Grasmücke. An seinem sehr charakteristischen Ruf »dede hüi« ist er gut auszumachen, wenn er mal nicht singt.

In der Nacht singen vor allem die Männchen der Nachtigall, die noch kein Weibchen gefunden haben.

Die Königin der Sänger, die **Nachtigall,** ist auch wohl schon Ende April eingetroffen und jetzt vor allem in den Morgen- und Abendstunden zu hören. Nachts singen übrigens vor allem die Männchen, die noch nicht verpaart sind. Mitunter schlagen Nachtigallen auch mitten am Tag. Aber nicht überall kann man sie bei uns hören. In vielen Gegenden Süddeutschlands und manchen Mittelgebirgen singen keine Nachtigallen, und in Mecklenburg-Vorpommern sind es meistens die sehr nah verwandten Sprosser. Dichtes Gebüsch und unterholzreiche Laubwälder, besonders gern an Bach- und Flussufern, sind der bevorzugte Lebensraum der Nachtigall.

Im oberen Stockwerk des Kronendachs ist im Mai endlich der **Pirol** eingetroffen. Das leuchtend gelbe Männchen mit den schwarzen Flügeln ist eigentlich sehr auffällig, aber sehr schwer zu entdecken, am ehesten noch, wenn es über eine Lichtung oder einen Waldweg fliegt. Der Gesang ist so bekannt, dass er in mehreren Sprachen zum Namen des Vogels beitrug. Das melodische »düdlio« wurde im Deutschen zu Pirol oder zu »Vogel Bülow« in Norddeutschland, im Französischen zu »Loriot«, wonach der berühmte Zeichner, Autor, Regisseur und Schauspieler Vico von Bülow sich den Künstlernamen Loriot zulegte. Die Engländer sprechen von »Oriole«, was wiede-

Ihr markantes Gurren bei der Balz hat der kleinsten einheimischen Taube, der Turteltaube ihren Namen gegeben.

rum vom lateinischen Namen »Oriolus« für diese Art hergeleitet ist. Häufig verrät aber auch ein heiseres und ärgerlich klingendes »wäicht« die Anwesenheit der einzigen Pirolart der Welt, die bis in die gemäßigte Zone vorgedrungen ist. Alle anderen knapp 30 Arten der Vogelfamilie Pirole leben nämlich in den Tropen oder in ausgesprochen warmen Gebieten. Bei uns ist der Pirol einer der am spätesten zurückkommenden Zugvögel. Der Stimmen- und Vogelreichtum nimmt zu, wenn der geschlossene Hochwald irgendwie unterbrochen wird, etwa durch eine Lichtung mit Büschen oder entlang von Schneisen. Oft reicht auch schon, wenn die Bäume genügend Licht auf den Boden lassen, sodass sich dort dichtes Unterholz und eine hohe Krautschicht entwickeln können. Ganz besonders reich sind Wälder, die Flüsse und Bäche begleiten. Solche Auwälder sind leider bis auf kleine Reste vernichtet. Dort, wo sie noch vorkommen, verdienen sie besonderen Schutz. In buschreichen Gehölzen, auf Lichtungen, im Auwald am Fluss oder am Waldrand leben Vögel, die im Inneren des Hochwaldes fehlen, oft aber auch mit Hecken und kleineren Feldgehölzen vorlieb nehmen. In warmen und trockenen Gebieten ist an solchen Stellen mitunter ein schnurrendes »turrr turrr ...« zu hören, ein Ruf, der wieder einmal für einen Vogelnamen Vorbild war: **Turteltauben,** die kleinsten unserer 4 wild lebenden Taubenarten, treffen meist erst im Mai an ihren Brutplätzen in trockenen Waldrändern, locker stehenden Baumgruppen, hohen Hecken oder Feldgehölzen ein. Sie sind zwar dem Namen nach geradezu sprichwörtlich bekannt, doch nur wenige Menschen haben den hübschen Vogel, dessen Bestand bei uns leider seit Jahren zurückgeht, einmal tatsächlich zu Gesicht bekommen. Scheinen in einem dichten Busch mehrere Vögel zugleich zu singen, weil man hintereinander die verschiedensten Stimmen hört – darunter auch bekannte Laute wie etwa Rauchschwalbe, Feldlerche, Blaumeise oder Star –, handelt es sich in Wirklichkeit um einen **Sumpfrohrsänger,** dessen Name etwas irreführend ist. Er brütet nämlich nicht eigentlich im Sumpf, sondern zwischen Brennnesseln oder anderen senkrechten Stauden, meist am Rand von Auwäldern. Büsche dienen gern als Singwarten, und so kann ein Männchen auch einmal in einem Park, auf einer großen Waldlichtung oder sogar im Garten zu hören sein. Sumpfrohrsänger sind Meister im Imitieren anderer Vogelarten: Bisher sind 212 Arten bekannt, die in ihren Gesängen auftauchten, davon über 100 aus Afrika. Man ist sich übrigens noch gar nicht sicher, ob Sumpfrohrsänger überhaupt über arteigene Gesangsteile verfügen oder nicht einfach alles von anderen übernommen haben. Optisch sind Sumpfrohrsänger nicht von den im Schilf lebenden Teichrohrsängern zu unterscheiden, also kleine schlanke, rotbraune Vögel.

Auf Wiese und Feld

Im offenen Land scheint sich gegenüber April nicht viel verändert zu haben. Doch lohnt sich, Hecken und Büschen Aufmerksamkeit zu schenken.

Zu den kleinen freudigen Überraschungen gehört der Anblick des **Neuntöter-**Männchens. Der zu den Würgern zählende Vogel leuchtet weithin mit seiner weißlichen, zart rostfarben oder rosa angehauchten Unterseite und seinem braunroten Rücken. Meist sitzt er frei auf einer Warte, um von dort aus im kurzen Flug oder am Boden Insekten zu erbeuten. Seinen martialischen Namen hat der Vogel, weil er größere Beutetiere wie Hummeln oder Käfer auf Dornen oder Stacheln aufspießt. Eine solche »Schlachtbank« legen auch die meisten anderen Würgerarten an, von denen aber nur noch der Raubwürger sehr selten bei uns brütet. Neuntöter sind in manchen Gegenden verschwunden oder sehr selten geworden, in anderen haben sich ihre Lebensbedingungen wieder verbessert.

Selbst in den kümmerlichsten Büschen der offenen Landschaft ist oft noch eine kleine Grasmücke mit rostfarbenem Rücken, grauen Kopf und weißer Kehle zu entdecken: **Dorngrasmücken** singen relativ kurze und etwas raue Strophen. Manchmal steigen die Männchen dabei mit einem kleinen Singflug aus dem Busch. Sie sind Brutvögel des offenen Landes und im Wald, im Park oder im Garten höchstens einmal ganz kurz auf dem Durchzug anzutreffen. Die Ersten kommen bereits im späten April.

Für einige besondere Entdeckungen auf Wiesen und Feldern im Mai sind aufmerksames Lauschen und gute Ohren vonnöten. Am besten geht man abends oder bei bedecktem Wetter hinaus. Auf Flächen mit höheren Halmen und einigen Büschen, besonders nur extensiv genutzten Feuchtwiesen, aber auch auf großen Waldlichtungen, Heideflächen oder stark verkrauteten Feldern meldet sich vielleicht der **Feldschwirl.** Seinen hohen schwirrenden Gesang muss man erst einmal als Vogelstimme einordnen lernen, denn für

Neuntöter (Männchen)

viele Ohren klingt der Vogel wie ein Insekt. Heuschreckensänger oder Heuschreckenschwirl nannte man in daher früher auch. Das Erstaunliche ist, dass der Schwirrer oft minutenlang anhalten kann. Anfang Mai singen viele Männchen auch nachts, weil sie noch unverpaart sind. Später geht die Gesangsaktivität zurück.
Wenn die Dämmerung langsam hereinbricht, kommt die Zeit, in der die Pirsch auf ausgesprochene Seltenheiten der Felder und Wiesen, spannend zu werden verspricht: Aus einem Getreidefeld oder einer Wiesen lässt sich vielleicht eine **Wachtel** mit ihrem »pickperwick« vernehmen, dem Reviergesang des Männchens. Später im Mai oder im Juni hört man die kurze rhythmische Strophe, die Beethoven in seiner 6. Symphonie musikalisch verewigte, auch untertags. Es hat aber keinen Sinn, den Rufen etwa nachzugehen. Wachteln bringen sich durch schnelles Davonlaufen in Sicherheit und fliegen nur bei plötzlicher Überraschung auf. Aber auch dann fallen sie rasch wieder in Deckung ein. Vielleicht haben wir, bevor es dunkel wird, auch noch das »girrhäk« des Rebhahns hören können, heute schon fast eine Seltenheit, da **Rebhühner** in der Feldflur drastisch abgenommen haben. Rebhühner sind aber Standvögel, denen man auch zu anderen Jahreszeiten begegnen kann. Wachteln als Zugvögel können im April/Mai , aber auch oft noch später im Juni/Juli bei uns auftauchen.
Eine Kostbarkeit der Vogelwelt auf Wiesen sieht man ähnlich wie die Wachteln so gut wie nie. Erst wenn es ganz dunkel ist –, manchmal muss man bis eine Stunde vor Mitternacht warten – hat man vielleicht das Glück, aus feuchten Wiesen oder extensiv genutzten Weideflächen den merkwürdigen, 2-silbigen Ruf des **Wachtelkönigs** zu hören. Er klingt »rärrp rärrp«, wie wenn man mit dem Daumen über die Zähne eines Kamms streicht. Die Hörpirsch nach dem geheimnisvollen und seltenen Wiesenvogel sollte man nicht so schnell aufgeben und bei Misserfolg im selben oder im nächsten Jahr wiederholen. Wachtelkönige sind sehr unstet und tauchen mal da und mal dort auf, oft ganz überraschend. Über ihre Brutbiologie weiß man noch sehr wenig.

Tipps

- > Letzte **Langstreckenzieher** kommen an oder ziehen durch: Drosselrohrsänger, Gelbspötter, Grauschnäpper, Mauersegler, Neuntöter, Pirol, Sumpfrohrsänger, Trauerseeschwalbe, Turteltaube.
- > **Vogelkonzert** in den Morgenstunden.
- > **Durchzügler** am Wasser.

Herausforderungen des Monats:

1. Nacharbeiten vom April: Gesänge von Mönchs- und Gartengrasmücke unterscheiden lernen
2. Sind Nachtigall, Klappergrasmücke oder Dorngrasmücke schon da?
3. Schwer zu erkennen: Grauschnäpper
4. Die Ohren spitzen: Feldschwirl, Wachtel und Wachtelkönig
5. Junge Meisen schauen anders aus

Am Wasser

Auf der offenen Seefläche ist auf den ersten Blick wenig zu sehen. Vielleicht führen einzelne **Haubentaucher**-Paare bereits ihre Jungen. Man muss genau hinschauen, denn in den ersten Lebenstagen sitzen die kleinen auf dem Rücken der Altvögel, oft gut versteckt im Gefieder; nur die kleinen Köpfe schauen heraus. Mit den Jungen im Gefieder tauchen die Altvögel sogar. Auch **Blässhühner** haben schon ihre kleinen, jetzt noch rotköpfigen schwarzen Dunenjungen im Schlepptau. Die **Stockenten-**Jungen, die hinter dem Weibchen herschwimmen, sind schon fast halbwüchsig. Im Unterschied zu Haubentaucher und Blässhuhn sieht man bei Enten in der Regel nur Weibchen bei den Jungen. Die Erpel kümmern sich nicht um die Familie. Von ihnen schwimmen einige herum, wir sehen vielleicht auch noch einige Erpel der Reiher- oder Tafelente irgendwo auf dem Wasser. Weibchen mit Jungenten sind bei diesen Arten allerdings erst frühestens Ende Mai zu erwarten.

Öftere Besuche am See, Stausee, Baggersee oder Teich bringen im Mai wahrscheinlich auch eine Begegnung mit einem Durchzügler, der als Brutvogel in Deutschland nur noch an wenigen Stellen in Norddeutschland anzutreffen ist: Mitte Mai ist der Höhepunkt des Durchzugs von **Trauerseeschwalben** zu erwarten, die oft nur wenige Tage dicht über der stillen Oberfläche des Sees mit ihrem eleganten Gaukelflug Insekten jagen oder von der Wasseroberfläche ablesen. Jetzt tragen sie das dunkle Prachtkleid und machen ihrem Namen alle Ehre. Beim Rückzug im Herbst muss man sich dann mit dem Schlichtkleid erst vertraut machen.

Ein kleiner, oberseits brauner Vogel fliegt unmittelbar vor uns vom Ufer mit zuckenden Flügelschlägen dicht über dem Wasser ab. Meist hört man auch ein helles »hidididi ...«. Es ist ein **Flussuferläufer,** der aus der schwierigen Gruppe der Watvögel am leichtesten an seinem Aussehen, Verhalten und Stimme zu identifizieren ist. Manchmal laufen die gedrungenen Vögel mit wippenden Körper auch an erstaunlich kleinen Wasserlöchern herum oder fliegen von der betonierten Kanalböschung ab. Auch diese Vögel sind meistens nur kurz verweilende Gäste. Ihre Brutplätze liegen an Flüssen mit bewachsenen Kiesinseln und Auwäldern am Ufer.

Nur an wenigen Stellen am Ufer steht noch dichtes, hohes Schilf. Dort bietet sich vielleicht die Chance, einen singenden **Drosselrohrsänger** zu sehen. Der größte der heimischen Rohrsänger lässt sich mit einer mächtigen Stimme vernehmen. Große Tonsprünge sind sein Markenzeichen, knarrende tiefe Laute wechseln ab mit hohen, sich fast überschlagenden. »Karrekiet« nennt man ihn daher auch in einigen Gegenden.

In den ersten Lebenstagen fallen die jungen Blässhühner durch ihre roten Köpfe auf. Sie werden von den Altvögeln außerhalb des Nestes auf dem Wasser gefüttert.

Juni

Jungenfürsorge – Zeit für unscheinbare Vögel

Grauschnäppe

Die Periode, in der man täglich neu ankommende oder neue auf der Rast kurz verweilende Vögel entdecken kann, ist jetzt vorbei. Immer noch gibt es allerdings Chancen, die eine oder andere bisher noch nicht gesehene Vogelarten zu erleben, aber sie sind deutlich weniger geworden und müssen oft durch aufmerksames Beobachten in besonderen Lebensräumen herausgefordert werden. Es geht jetzt vor allem darum, zur richtigen Zeit am richtigen Ort zu sein.

Der Juni ist der Höhepunkt der Fortpflanzungszeit, die man für heimische Vögel von Mitte April bis Anfang August ansetzen kann. Nur wenige Arten wie der Steinadler oder der Kolkrabe, der Waldkauz und vor allem die Türkentaube sind regelmäßig früher oder auch später mit Nest, Eiern oder Jungen beschäftigt. Manche Großvögel brauchen länger, bis die Eier ausgebrütet und die Jungen erwachsen sind. Tauben steht dank einer besonderen Fütterungsmethode eine besonders lange Zeit zur Verfügung: Den kleinen Nestlingen wird Kropfmilch geboten, eine käsige Masse, aus dem Kropf der Altvögel. So ist in den ersten kritischen Lebenstagen für geeignete Ernährung der Jungen gesorgt, unabhängig vom Angebot der Jahreszeit. Bei vielen anderen Vögeln ist die Zeit der hungrigen Nestlinge eng mit besonderem Nahrungsangebot verknüpft. Meisen z. B. füttern ihre Jungen fast ausschließlich mit kleinen Raupen. Auch bei den überwiegend vegetarisch lebenden Grünfinken bekommen die Jungen zunächst kleine Insekten (z. B. Blattläuse) und erst später im Kropf aufgeweichte Sämereien.

An der richtigen Jungennahrung mit ausreichender Menge entscheidet sich für die meisten Arten, ob Nachwuchs flügge wird oder nicht. Oft ist das Zeitfenster für die Fütterung der Nestlinge nur klein. Die großen Fragen im Zusammenhang mit der bevorstehenden Klimaerwärmung betreffen daher weniger, ob sich Zugvögel in ihrem Kalender an veränderte Verhältnisse anpassen können, sondern ob die Zeitfenster der Jungenfütterung mit denen der Entwicklung der wichtigsten Nahrungsorganismen für die Nestlinge noch zusammenpassen. Erste Erfahrungen zeigen bereits, dass es mit der Synchronisation zwischen Zugvögeln und Insektenangebot als Jungvogelnahrung Schwierigkeiten geben könnte.

Für den aufmerksamen Vogelbeobachter gibt es im Juni vor allem deshalb viel Neues zu sehen und zu lernen, weil in der Regel die das Nest verlassenden oder als Nestflüchter von den Altvögeln nunmehr als selbstständig entlassenen Jungen nicht so aussehen wie ihre Eltern. Alle tragen Jugendkleider, von denen eine ganze Reihe gar nicht leicht zuzuordnen ist. Man wird selbst bei einigen gut bekannten Arten neue Merkmale lernen müssen.

Die sorgfältige Beobachtung von Jungvögeln hilft die Frage zu beantworten, ob eine Vogelart über-

haupt am Ort gebrütet hat und mit einer Brut erfolgreich war. Nester suchen ist nicht nur ungleich mühseliger als die versteckten Eier des Osterhasen zu finden, sondern verbietet sich als empfindliche Störung von Vogelbruten nach dem Naturschutzrecht von selbst. Stößt man zufällig auf ein Vogelnest mit Eiern oder Jungen, ist der Platz rasch zu verlassen. Unabsichtlich verursachte Veränderungen sollte man so gut wie möglich wieder rückgängig machen.

Darüber hinaus ist zur Brutzeit rücksichtsvolles Verhalten selbstverständlich und zudem auch rechtlich gefordert. Hunde gehören draußen an die Leine, und man selbst bleibt tunlichst auf den Wegen. Grillfeste in freier Natur vernichten auch dort jährlich viele Vogelbruten, wo man es überhaupt nicht vermutet. Für Offroad-Abenteuer und Großveranstaltungen aller Art im Freien, von Mountainbike-Rennen bis Kanumeisterschaften, ist der Juni der denkbar am schlechtesten geeignete Monat. Viele erhalten gebliebene oder neu entstandene Lebensräume können wegen Freizeitstörungen zur Brutzeit nicht mehr von Vögeln besiedelt werden, obwohl sonst alle Voraussetzungen vorhanden wären.

Am Haus hat der unscheinbare **Grauschnäpper** sich oft mit den menschlichen Bewohnern arrangiert. Er ist als so genannter Nischenbrüter auf einen halbwegs geschützten Nestplatz angewiesen. Den findet er in Mauerlöchern, in halboffenen Nistkästen, unterm Dach, aber auch auf einem Balken über dem Balkon, hinter einer Wandlampe an der Außenmauer oder sogar in einem leeren Blumentopf. Bei etwas Rücksicht auf den Untermieter kann man aus nächster Nähe am Familienleben eines nur wenigen Menschen bekannten Vogels teilnehmen. 3–4 Wochen dauert es vom ersten Ei bis zu dem Zeitpunkt, an dem die Jungen das Nest verlassen, manchmal auch noch ein paar Tage länger.

Ums Haus und im Garten

Mit jungen Meisen und jungen Amseln konnten wir uns schon im Mai vertraut machen. Jetzt kommen neue Jungvögel dazu. Am einfachsten ist es bei der **Bachstelze**. Mit der typischen Stelzengestalt sind die eben aus dem Nest geflogenen Jungvögel auf den ersten Blick richtig einzuordnen. Doch sind sie insgesamt braungrau, die lebhaften Kontraste zwischen schwarz und weiß fehlen, der Kopf ist mehr oder minder verwaschen bräunlich. Nur ein dunklerer Kehllatz zeichnet sich ganz verschwommen ab. Er wird erst im Herbst deutlicher, wenn die Jungen das erste Schlichtkleid angelegt haben. Auch dann noch sind die Jungen vor allem an der Kopfzeichnung und -färbung von den Altvögeln zu unterscheiden, die mittlerweile auch ihr Schlichtkleid tragen.

Eben ausgeflogene Rotschwänze sind schwer einer der beiden Arten zuzuordnen. **Hausrotschwänze** sind etwas dunkler als **Gartenrotschwänze,** bei denen vor allem auf hellerem Untergrund ober- und unterseits eine feine Fleckung sichtbar ist. Aber ohne unmittelbaren Vergleich kann man sich da nicht immer sicher sein; selbst gute Vogelführer bilden die Jugendkleider nicht ab. So ist es wichtig, die fütternden Altvögel zu sehen, um die Art zweifelsfrei zu bestimmen, und es lohnt sich, wenn man die Weibchen der beiden Arten schon sicher zu unterscheiden gelernt hat.

Junge Rotschwänze sind an ihren ziegelroten Schwänzen, die wie bei den Altvögeln dauernd zittern, als solche unschwer zu erkennen. Auch in

anderen Fällen wird man nicht oder zumindest weniger in die Irre geführt, wenn man mit Gestalt und Verhalten bestimmter Vogelarten durch eingehendes Beobachten schon gut vertraut ist. Es gibt nämlich jetzt auch **Rotkehlchen** ohne rote Kehle. Im Jugendkleid sind Rotkehlchen auf der Oberseite mit hellen kleinen Tropfenflecken besetzt, ihre Brust ist gelblichbraun mit feiner dunklerer Fleckung. Das Ganze gleicht also sehr einem junger Gartenrotschwanz. Der braune Schwanz, die rundliche Gestalt und typisches Verhalten führen aber sicher zum richtigen Ziel, vor allem wenn man weiß, dass jetzt mit schlicht gefärbten Jugendkleidern zu rechnen ist.
Auch die Finkenvögel ums Haus werfen manche Fragen auf. Nicht alle grauen oder graubraunen Vögel mit Kegelschnabel sind Spatzen. Junge **Buchfinken** sind oberseits einfach bräunlich, unterseits diffus heller und bei oberflächlicher Betrachtung durchaus mit Haussperlingen zu verwechseln. Die beiden weißen, oft aber nur etwas aufgehellten Streifen in den Flügeln helfen weiter. Junge **Girlitze** haben im Unterschied zu den Altvögeln überhaupt kein Gelb oder Gelbgrün im Gefieder. Die unauffälligen Rätselvögel sind nur an ihrem kurzen, stumpfen Kegelschnabel und an ihrer geringen Körpergröße von Grünfinken und Spatzen zu unterscheiden. Junge **Grünfinken,** die sich schon länger am Haus aufhalten, lassen wenigstens in einer Andeutung des grünlichgelben Unterrandes am hinteren Flügel ihre Artzugehörigkeit erkennen. Selbst die bunten **Stieglitze** geben sich im Jugendkleid sehr bescheiden. Den Jungvögeln, die vielleicht noch gefüttert werden oder schon mit den Altvögeln in kleinen Gesellschaften an Stauden, vor allem Disteln herumturnen, fehlt die auffällige schwarz-weiß-rote Kopffärbung vollständig. Nur durch ihre Rufe und vor allem am gelben Flügelfeld weisen sie sich als Stieglitze aus.

Junge Rotkehlchen tragen noch keine rote Brust, sondern ein hell geflecktes bräunliches Jugendkleid.

Die vielen braunen **Amseln** im Garten sind übrigens nicht alles Weibchen, sondern Vögel im Jugendkleid, die noch kein bisschen Gelb am Schnabel tragen. Erst später im Jahr wird dann durch einen Federwechsel deutlich, wer Männchen und Weibchen ist. Graubraun sind auch die jungen **Stare,** die meist in kleinen Trupps in

Büschen einfallen und sich mit einem etwas heißeren »dschrr« vernehmen lassen. Vom Schillern im Gefieder der Altvögel ist in ihrem Jugendkleid nichts zu sehen. Auch junge Tauben lohnen genaueres Hinsehen. Junge **Türkentauben** sind etwas brauner als die Altvögel und tragen vor allem nicht den artkennzeichnenden schwarzen Nackenring. Junge **Ringeltauben** sind keine »Ringel«tauben, weil ihnen der weiße Halsfleck der Altvögel fehlt. Das weiße Flügelabzeichen ist aber auch bei ihnen im Flug schon von weitem zu erkennen.

In Park und Wald

Auch in Büschen und Bäumen ist es tagsüber deutlich stiller geworden. Am Morgen melden sich noch manche Arten mit ihrem Gesang, auch tagsüber mitunter einmal. Kurze Rufe sind aber jetzt wichtige Erkennungssignale, zumal das Laub uns manchen Blick verwehrt und alles fast vogelleer zu sein scheint. Doch da fliegt eine **Singdrossel** mit fast kaum hörbaren »zipp« vom Waldboden auf oder aus dem Gras der Waldlichtung schnärrend eine **Misteldrossel.** Ein **Zilpzalp** lässt sich noch kurz hören, und auch **Tannenmeisen** werden nicht müde, ihr einfaches »wize wize wize« immer mal wieder zu singen. Im dichten Fichtenwald hören wir auch das »zi gürr« der **Haubenmeisen**. Hinschauen lohnt sich selbst bei kleinen Anlässen. Da pfeift ein **Gimpel** etwas weniger melodisch als wir es vom Winter her gewohnt sind. Und allmählich lässt sich ein bräunlicher Vogel ohne schwarze Kopfkappe im Busch orten, der von der Gestalt her durchaus ein Gimpel sein könnte. Farblich passt er aber kaum. Des Rätsels Lösung: Gimpel im Jugendkleid (nicht in allen Vogelbüchern abgebildet!).
Eigentlich ist alles an Vögeln da, nur ist es schwieriger geworden, die einzelnen Arten bei einem Spaziergang in Park oder Wald zu entdecken. Vielleicht hörten wir in oder über den Baumkronen – der Ruf ist schwer zu orten – das hohe »hiäh« eines **Mäusebussards**. Um ganz sicher zu sein, sollte man den Himmel über den Bäumen so gut es geht absuchen. Denn der **Eichelhäher** hat den Bussardruf täuschend ähnlich in seinem Repertoire. Wenn kurz darauf das bekannte Rätschen zu hören ist, kann man sicher sein, dass der vermeintliche Bussard eben doch ein Häher war.
Ein Besuch der Bäume mit Spechthöhlen, nach denen man sich im Winter umgesehen hat, verspricht neue Erlebnisse. Spechte haben im Allgemeinen nicht den Ehrgeiz, jedes Jahr eine neue Bruthöhle zu zimmern. Auch könnten andere Bewohner eingezogen sein. Manche Spechthöh-

Junge Gimpel haben noch keinen dunklen Oberkopf.

len sind viele Jahre im Gebrauch, wenn es ihre Beschaffenheit und der Harzfluss am Baum zulässt. Klingen aus einer Höhle deutlich vernehmbare Rufe, dann sind die Nestlinge schon herangewachsen. Raue Rufe aus einer Höhle am Waldrand verraten Stare. Hohes, impertinentes »wiwiwiwiwi« klingt nach jungen **Buntspechten.** Wenn man sich gedeckt in einiger Entfernung aufstellt, lässt sich vielleicht eine Fütterung beobachten. Ein Altvogel fliegt an, und wenn die Jungen schon kurz vor dem Ausfliegen sind, recken sie aus der Höhlenöffnung dem futterbringenden Schnabel des Altvogels ihren Kopf entgegen. Da lässt sich dann erkennen, dass Buntspechte im Jugendkleid einen roten Scheitel tragen. Der Scheitel der Altvögel ist schwarz, das Männchen trägt im Unterschied zu den Weibchen einen kleinen roten Nackenfleck. Man muss also aufpassen, denn auch der vor allem in Eichenwäldern brütenden **Mittelspecht** trägt einen roten Scheitel, der aber nicht wie beim jungen Buntspecht schwarz eingefasst ist.
Geduldiges Absuchen von Spechthöhlen kann manche Überraschung bringen. In locker stehenden Bäumen im Park ist vielleicht ein **Wendehals** eingezogen. Auch Grün- oder Grauspecht und im hochstämmigen Buchenwald der Schwarzspecht können eine Höhle anfliegen, und im Bergwald sind Raufuß- und Sperlingskauz nicht selten Nachmieter. Um sie zu sehen, sind allerdings längere Touren in größeren Höhen nötig und auch der Tipp eines mit der Gegend gut vertrauten Vogelkundigen. Im Flachland kommen übrigens Dohlen oder Hohltauben und an einigen wenigen Stellen in Deutschland sogar Mauersegler als Bewohner von Baumhöhlen in Frage. An Nistkästen im Forst und im Park können neben Kohl-, Blau- und Tannenmeisen jetzt im Juni auch

Die jungen Buntspechte sind schon fast flügge. Sie tragen im Unterschied zu den Altvögeln einen roten Vorderscheitel.

Trauerschnäpper und im Süden Deutschlands sogar Halsbandschnäpper beobachtet werden, die als Zugvögel später dran sind als die Meisen. Höhlenkontrollen im Spätfrühling und Frühsommer versprechen also kleine Entdeckungen.
Wenn abends die Dämmerung einsetzt, wird das akustische Vogelleben wieder etwas reger. Vielleicht hören wir noch einmal den perlenden Gesang eines Rotkehlchens oder die bescheidene Strophe einer Heckenbraunelle. Auch Mönchsgrasmücken sind oft noch zu einem Lied bereit. Wer es noch nicht selbst erlebt hat, ist erstaunt, wie viel in lauen Frühsommernächten zu hören ist.
Bricht die Dunkelheit herein, kann es sein, dass von irgendwoher im starren Rhythmus von etwa 5–10 Sekunden ein kurzes klagendes Fiepen zu hören ist, das sich – sofern man die Geduld aufbringt – stundenlang verfolgen lässt, ja vielleicht sogar die ganze Nacht über anhält. So melden sich junge **Waldohreulen**, die noch flugunfähig das Nest verlassen haben und als so genannte Ästlinge gut versteckt auf Fütterung warten. Dieses hartnäckige, aber keinesfalls laute und aufdringliche Betteln ist oft der einzige Anhaltspunkt dafür, dass Waldohreulen erfolgreich gebrütet haben. Manchmal hört man es auch in großen Gärten oder im Park nachts vom Fenster aus.

Junger Ästling der Waldohreule.

Auf Wiese und Feld

Im offenen Land merkt man am ehesten, dass in der Vogelwelt schon wieder einiges in Bewegung kommt. An Feldrainen und Grabenrändern oder entlang von Hecken und an Plätzen, an denen höhere Stauden wachsen und Feld- und Wiesenblumen verblühen können, um Samen Platz zu machen, tummeln sich oft schon kleine Schwärme finkenartiger Vögel. Samentragende Blumen und Kräuter üben eine besondere Anziehungskraft auf eine Reihe von Vögeln aus. Heute sind solche Angebote nach der Blütezeit in der Agrarlandschaft, aber auch in den Grundstücken um ländliche Häuser sehr selten geworden. Übrigens finden auch oder gerade unreife Samen viele Interessenten. Allein der milchreife Samen von Löwenzahn ist z. B. bei Stieglitz, Bluthänfling, Girlitz, Grünfink oder Gimpel außerordentlich beliebt. Es kann also sein, dass wir bei einem Spaziergang auf einem Feldweg mit angrenzendem Feldrain immer wieder kleine Singvögel hochjagen, die wir vorher gar nicht gesehen hatten.

Jugendkleider machen auch hier rein optische Unterscheidung nicht immer einfach. Junge **Bluthänflinge** sind auf der Oberseite weniger schön zimtbraun als die Altvögel, insgesamt wie Jungvögel allgemein kräftig gestrichelt. Hört man beim Auffliegen das für den Bluthänfling charakteristische keckernde »gigigigig«, ist der Fall klar. Auf junge Stieglitze ohne die markante Kopffärbung trifft man auch hier wieder, vor allem an höher stehenden Distelköpfen. Auch junge Goldammern, Grünfinken und Girlitze sind dabei, alle mehr oder minder unansehnlich und kräftig gestrichelt. Man muss sich also etwas einsehen und vor allem auch auf die arttypischen Lockrufe achten.

Die kleinen Vogeltrupps bei Samenfressern sind sehr typisch. Mehrere Augenpaare sehen mehr als eines, und so ist man in Gesellschaft vor Feinden wohl sicherer als ganz allein. Andererseits bedeuten viele Individuen dicht beisammen auch mehr Konkurrenz um die gerade angebotene Nahrung. Also sollten Zusammenrottungen nicht zu allzu großen Schwärmen führen. Samen laufen nicht weg, und so können mehrere Stieglitze auf einer Distel mit einigen Samenständen sitzen oder mehrere Bluthänflinge nebeneinander Sämereien ernten. Bei Insektenfressern finden wir nach Ausfliegen der Brut dagegen in der Regel keine Trupps, die Blätter und Äste nach Kleintieren absuchen. Man würde sich ja gegenseitig die Beute verscheuchen. Vogelschwärme und Vergesellschaftungen regeln sich also meist nach einer komplizierten, aber einleuchtenden Strategie.

Erste Trupps auf gemähten Wiesen sind auch von den bräunlichen jungen **Staren** zu sehen, die bei Störung in Hecken oder in Büsche am Waldrand einfallen. Auch **Rabenkrähen** sind auf gemähten Wiesen nicht selten in größeren Trupps beisammen. Bei Vögeln in solchen Schwärmen handelt es sich meistens um so genannte Junggesellen oder eigentlich besser Nichtbrüter. Sie haben kein Revier behaupten können und sind ganz offenbar eine Art Brutreserve auf Abruf, die jedenfalls im laufenden Jahr nicht an der Fortpflanzung beteiligt war. Bald werden wohl flügge gewordene Jungvögel des Jahres zu ihnen stoßen.

In den kleine Sträuchern der offenen Landschaft singen immer noch einige **Dorngrasmücken,** und die **Neuntöter** finden wir weiterhin in ihren Revieren. Überraschend hat sich vielleicht im Rapsfeld ein **Sumpfrohrsänger** niedergelassen, der seinen wirbelnden Gesang von einem Halm aus vorträgt. **Braunkehlchen** sind erfreulicherweise immer noch auf der nicht gemähten Weide, und auch **Schafstelzen** fliegen in wellenförmiger Flugbahn über Acker und Feld.

Und auch jetzt noch kann man sich abends oder nachts eine Hörpirsch auf Wachtel oder Wachtelkönig vornehmen, vielleicht mit einem Abstecher zum Waldrand oder zu einem großen Feldgehölz, um fiepende Ästlinge der Waldohreule aufzuspüren.

Am Wasser

Am Wasser ist es zwar in der Vogelwelt scheinbar ganz ruhig geworden, doch eigentlich ist es mehr die Ruhe vor dem Sturm der auf die Natur hereinbrechenden Badesaison. Kleine Schutzzonen am See, nicht allgemein zugänglich Fischteiche und größere Parkteiche, die Wassersport- und Badevergnügen nicht offen stehen, sind nämlich wichtige Rückzugsgebiete für Wasservögel. Selbst kleine, wenig beachtete Tümpel lohnen einen Besuch.

Schon am Parkteich fällt unter den halbzahmen **Stockenten** auf, dass die Erpel recht unansehnlich werden. Bei manchen Individuen kann man sich sogar nicht einmal sicher sein, ob es sich um Männchen oder Weibchen handelt. Für die Erpel jedenfalls hat sichtbar die Zeit des sommerlichen Gefiederwechsels begonnen, sie mausern vom Prachtkleid ins Schlichtkleid. Das gleicht weitgehend dem normalen Kleid der Entenweibchen, die teilweise noch größere Junge führen. Erwachsene Jungenten kann man von Weibchen nicht unterscheiden. Ob Männchen, Weibchen oder Jungente ist allerdings am Schnabel zu erkennen: Weibchen und Jungvögel haben einen orangefarbenen Schnabel, der aber auf dem First schwarz ist. Die schwarze Färbung erstreckt sich in unregelmäßigem Muster auf die Schnabelseiten, sodass oft nur noch ein orangefarbener Schnabelrand zu sehen ist. Der Schnabel der Erpel ist dagegen einfarbig gelb oder grünlichgelb. Das kann man bei günstigem Licht sogar auf größere Entfernung gut erkennen.

Mit den Erfahrungen vom Parkteich ausgerüstet, lassen sich auch draußen auf größeren Seen und Teichen Enten leichter unterscheiden. Denn auch bei anderen Arten setzt langsam die Mauser ein, und die Weibchen sind ohnehin schwierig auseinanderzuhalten. Bei der Ausschau nach weiteren Arten könnte man etwa **Tafelenten** mit Jungen entdecken. **Reiherenten** legen am spätesten von unseren heimischen Enten ihre Eier, doch gegen Ende Juni ist mit den dunklen Dunenjungen, die hinter einem Weibchen herschwimmen, zu rechnen. Die hohen Bettelrufe der herangewachsenen jungen **Haubentaucher** in ihrem zebraartig gestreiften Dunenkleid hallen weit über das Wasser. Die nun fast ausgewachsenen jungen **Blässhühner** geben kleine Rätsel auf, denn im fertigen Jugendkleid sind sie auf der Oberseite heller grau als die Altvögel. Kinn, Kehle und Vorderhals sind weiß, eine weiße Blässe an der Stirn ist dagegen noch nicht zu entdecken.

Über den Seeufern kann man jetzt mitunter einen kleinen, langflügeligen Falken fliegen sehen. **Baumfalken** jagen in die Luft aufsteigende große Insekten, z. B. Libellen, die sie mit den Fängen greifen, um dann im Flug die Beute vom Fuß in den Schnabel zu führen. Wenn viele Insekten schwärmen, ist in den Sommermonaten immer wieder mit den gewandten Luftjägern zu rechnen, häufig am Wasser oder über Mooren. Denn über landwirtschaftlich genutzten Flächen finden sie in der Regel zu wenig.

Unverbaute Flussabschnitte sind selbst bei wenig Wasser einer Kontrolle wert. Oft aber ist der Juni auch die Zeit der Hochwässer, wenn anhaltender Regen und Schneeschmelze in den Alpen zusammenkommen. Da werden natürlich auch die am und im Flussbett brütenden Vögel betroffen, etwa Wasseramsel und Gebirgsstelze. An naturnahen Uferzonen sollte man jetzt zudem darauf achten, ob irgendwo die hellen Stimmen

Stockerpel im Schlichtkleid.

Der Flussregenpfeifer brütet heute vor allem in Kiesgruben, da ungestörte Kiesbänke in Flüssen selten geworden sind.

von **Flussuferläufern** zu hören sind. Das kann darauf hindeuten, dass ein Brutplatz des kleinen Watvogels in der Nähe ist. Mehrfache Kontrolle verdächtiger Stellen, vor allem am Mittel- und Oberlauf von Flüssen, könnte dann lohnend sein. Ebenso sind ruhige, von Erholungssuchenden (noch) nicht in Beschlag genommene Kiesbänke im Flussbett interessant. Die möglicherweise hier eine Brut unternehmenden **Flussregenpfeifer** sind zwar erstaunlich schwer auszumachen, wer aber den nach unten gezogenen Pfiff »piu« hört, kann ziemlich sicher sein, dass in der Nähe ein Paar zu brüten versucht. Die kleinen Vögel rennen meist auf unbewachsenen Kiesbänken mit nicht zu grobem Kiesbelag.

Tipps

- Vögel **singen** meist nur noch früh **am Morgen**.
- Viele Singvögel tragen **Futter für die Jungen.**
- Ausgeflogene **Jungvögel** überall.

Herausforderungen des Monats:

1. Jungvögel identifizieren
2. Kurze Rufe statt Gesänge, z. B. Buchfink, Bluthänfling, Gimpel, Girlitz, Misteldrossel, Singdrossel, Star
3. Spechthöhlen kontrollieren
4. Welche Enten führen Junge?

Juli

Trotz »Sommerloch« viele Neuigkeiten

Goldammer

Verschiedene Phasen im Vogeljahr überschneiden sich jetzt; manche Vögel sind sogar schon wieder unterwegs. Die Verhältnisse werden daher etwas unübersichtlich, zumal es sehr still geworden ist und erfolgreiches Vogelbeobachten auf den ersten Blick noch schwieriger zu werden scheint als im Juni. Eigentlich sollte aber jetzt die Vogeldichte in der Landschaft höher sein als zu Beginn der Brutzeit. Die durchziehenden und rastenden Zugvögel aus dem Norden und Osten sind zwar noch nicht da, die flügge gewordenen Jungvögel aber zu den Altvögeln, die im April und Mai eine Brut begonnen haben, dazugekommen. Ihr Anteil kann jetzt sogar das Mehrfache des Altvogelbestandes betragen. Aber Jungvögel sind, wie bereits im Juni zu erfahren war, nicht so leicht zu entdecken, wenn sie nicht gerade in großen Schwärmen auftauchen.

Für viele Vogelarten ist die Brutzeit auch noch gar nicht zu Ende. Greifvögel mit einer langen Aufzuchtzeit der Jungen müssen sich noch um den Nachwuchs kümmern, ebenso manche Wasservögel. Wenn ein Gelege in frühem Bebrütungsstadium zerstört wird, versucht es das Weibchen oft noch mit einem Ersatzgelege. Und viele Singvögel, die mit der Aufzucht ihrer Jungen wesentlich schneller fertig werden, beginnen oft noch eine 2. Brut, sie verteilen also die Nachkommenschaft eines Jahres auf mehrere Anläufe. Das ist auch eine Art Risikostreuung. Fütternde Altvögel oder frisch flügge Jungvögel von Spät- oder Zweitbruten sind also den ganzen Juli über noch zu beobachten.

Wenn die Brutzeit zu Ende geht, beginnt für die Altvögel eine neue wichtige Phase im Jahreslauf. Federn sind tote Gebilde und nützen sich ab. Daher müssen sie von Zeit zu Zeit erneuert werden. Das geschieht durch einen Federwechsel, die Mauser. Die alten Federn fallen aus, und an ihrer Stelle schieben sich neue nach. Wenn die Energie nicht mehr in die Aufzucht und Betreuung der Jungvögel investiert werden muss, bietet sich Gelegenheit für die Jahresmauser. Der Aufbau eines neuen Federkleides kostet den Körper ebenfalls eine Menge Kraft, und daher liegt es nahe, die Mauser, in der meistens das gesamte Gefieder erneuert wird (daher spricht man auch von Vollmauser), in das Zeitfenster nach der Brutzeit und vor den ebenfalls kräftezehrenden Zug ins Winterquartier oder für Standvögel vor den Eintritt der kalten Jahreszeit zu verlegen. Es ist zudem zweckmäßig, für die lange Reise auf eigenen Schwingen oder auch als Vorsorge für kühle und dann zunehmend kälter werdende Tage und vor allem Nächte ein neues intaktes Federkleid zu tragen. Juli und August ist also für die meisten Vogelarten Mauserzeit. Doch auch hier keine Regel ohne Ausnahme: Zugvögel mit langen Wegen in ein sehr entferntes Winterquartier können auch eine andere Strategie verfolgen: Sie star-

ten von ihren Brutplätzen mit noch weitgehend altem Gefieder, holen Teile der unterbrochenen Mauser an einem günstigen Rastplatz nach oder mausern sogar erst im tropischen Winterquartier. Trotz Brutzeit und Mauser sind aber auch schon wieder viele Vögel auf der Wanderung. Dabei handelt es sich jedoch in der Regel nicht um den gerichteten Abzug ins Winterquartier, sondern um so genannte Zerstreuungs- oder Streuungswanderungen. Sie betreffen die Jungvögel des Kalenderjahres und führen meist in alle Richtungen vom Geburtsort weg. Dadurch wird erreicht, dass sich die Vögel in der Landschaft verteilen und die unerfahrenen Jungvögel auch einmal andere Gegenden kennen lernen. Sie haben das Problem der Mauser nicht so ernst zu nehmen wie die Altvögel, denn die Mauser des Jugendkleids in das erste Alterskleid ist bei den meisten Singvögeln eine Teilmauser, die nur einige Partien des Gefieders betrifft. Allerdings mausern junge Sperlinge, Lerchen und Hühnervögel das ganze Gefieder. Sie ziehen aber auch nicht oder meist nicht sehr weit weg, scheinen also genügend Zeit zu haben.
Im Juli verändert sich also viel. Doch von allem scheinbar unberührt singen auch bei strahlender Sommersonne immer noch einige **Goldammern** auf dem Leitungsdraht oder auf der Spitze eines Busches. Manchmal scheint die beginnende Mauser das leuchtenden Gelb der Männchen schon etwas beeinträchtigt zu haben. Vögel, die etwas zerrupft aussehen, sind jetzt ohnehin an der Tagesordnung. Goldammern im Schlicht- oder Jugendkleid lassen sich übrigens sicher an ihrem rotbraunen Bürzel erkennen. Jetzt im Juli sind die Altvögel meist mit einer 2. Brut beschäftigt.
Die Nester sind am Boden in der Vegetation versteckt. Für fehlgeschlagene Brutversuche kommt es oft noch zu Ersatzgelegen.

Ums Haus und im Garten

Frühaufsteher werden im Laufe des Monats auf den gewohnten Amselchor verzichten müssen. Es wird still ums Haus. Nur **Grünfinken** klingeln an warmen Tagen als treue Gäste ums Haus einmal kurze Teile ihrer Strophen, vielleicht lässt auch eine **Mönchsgrasmücke** noch dann und wann ihren flötenden Gesang hören. Er scheint jetzt, in der Zeit der Gesangsruhe, viel lauter zu klingen als im Frühjahr. **Buchfinken** haben das Singen ganz aufgegeben, man sieht auch kaum mehr einen im dichten Laub der Bäume. Möglicherweise sind sie nach der Brut auch abgewandert. Selbst bei den **Haussperlingen** hat sich einiges verändert. An manchen Stellen sind sie plötzlich für Wochen kaum mehr zu entdecken, an anderen treiben sich lebhaft schilpende Trupps herum, die vorher nicht so aufgefallen sind. Ein neuer Laut sind vielleicht die lebhaften Rufe der **Stieglitze,** z. B. in der dichten Rosskastanie im Biergarten. Immerhin ist ums Haus, im Dorf oder in der Stadt Einiges in Bewegung gekommen, denn selbst typische Standvögel wie Spatzen finden nicht das ganze Jahr über das zum Leben Nötige an ein und demselben Platz. In den modernen Städten und Siedlungen hat sich für den ständigen Begleiter des Menschen vieles zu seinen Ungunsten verändert. Zunehmende Bodenversiegelung, moderne Bauweise, wachsender Verkehr, viele Maßnahmen der Stadtsanierung und nicht zuletzt übertriebene Anlagen- und Vorgartenpflege beeinträchtigen die Lebensqualität der Spatzen gewaltig und sorgen für Nahrungsengpässe. Im Hochsommer ist das am auffälligsten zu spüren, die frechen Bröseljäger im Wirtsgarten oder auf der Café-Terrasse können darüber nicht hinwegtäuschen.

Auf dem Gartenrasen lässt sich nur selten noch eine **Amsel** sehen, die nach Regenwürmern sucht. An heißen Sommertagen wird der Boden trocken, und die Nahrungssuche lohnt nicht mehr. Die besten Stellen sind jetzt unter einem Busch oder einer Hecke. Amseln, die jetzt Futter tragen, haben irgendwo noch ihre 2. Jahresbrut aufzuziehen.

Es gibt im Sommer einen guten Trick, Vögel etwas aus ihren Verstecken herauszulocken und ihnen dabei gleichzeitig ein wenig zu helfen. Vogelbäder und Vogeltränken können zu einer kleinen Attraktion werden, für Gartenvögel wie für Vogelbeobachter. Auf 2 Umstände sollte man dabei achten, gleichgültig wie die Lösung im Einzelnen aussieht und welchen Platz man zur Verfügung hat. Ob ein Gefäß irgendwo erhöht oder auf dem Boden steht, ob man eine kleine Pfütze oder sogar einen kleinen Brunnen anlegen kann, zumindest der Rand sollte eine sehr geringe Neigung haben, sodass die Randzone ganz seicht ist. Da können Vögel hineinhüpfen und ein Bad nehmen, für ihre Gefiederpflege wichtig, für den Beobachter ein interessantes und auch erheiterndes Erlebnis. Nebenbei erfährt man, dass sich erstaunlich viele verschiedene Vogelarten in der Umgebung aufhalten und auch einige neue vorbeikommen, mit denen man vielleicht gar nicht gerechnet hat. Da spritzt auf einmal eine Singdrossel im Wasser oder eine Tannenmeise, vielleicht kommt gar ein Buntspecht herunter, ein Kleiber oder sogar ein Grünspecht.

Der zweite wichtige Ratschlag für ein Vogelbad ist, auf die Umgebung zu achten. Ein erhöhter Punkt für den Anflug von Busch, Hecke oder Baum sollte in der Nähe sein, aber Deckung wiederum nicht in unmittelbarer Nähe. Denn die könnte Katzen eine gute Möglichkeit bieten, sich

Junge Stieglitze haben noch nicht die rot-weiß-schwarze Kopffärbung der Altvögel.

unbemerkt anzuschleichen. Größerer freier Umkreis um das Vogelbad ist daher von Vorteil. Hauskatzen in Gärten, Parks oder gar draußen in Feld und Flur sind ein leidiges Thema, das mit großer Emotion belastet ist. Tatsache ist jedenfalls, dass Katzen sich sehr schnell Plätze merken, an denen regelmäßig Vögel zusammenkommen, etwa an Futterstellen und Vogeltränken. Auch wenn sie nicht so viele Vögel erwischen, wie manchmal von Vogelfreunden behauptet wird: Manche Vogelbrut wird allein durch geduldiges Lauern von Katzen gestört und geht vielleicht zugrunde, weil die Altvögel stundenlang warnen und nicht mehr füttern. Und sicherlich gehen in unseren Gärten mehr Vögel auf das Konto von Hauskatzen als von den so verrufenen **Elstern.** Dass Katzen für den Rückgang von Singvögeln in den Gärten verantwortlich sind, ist andererseits keineswegs bewiesen und aus verschiedenen Gründen auch höchst unwahrscheinlich. Aber an einer Futterstelle, an der sie einmal Erfolg hatten, können sie sich durchaus zu einer dauernden Bedrohung entwickeln.

In Park und Wald

Die Sommerstille macht selbst das Aufspüren längst bekannter Vogelarten schwierig. Andererseits trägt sie dazu bei, d e Aufmerksamkeit auf kurze, unauffällige Vogellaute zu richten. Die Bettelrufe von Jungvögeln sind teilweise auch die vom Juni. Kohl- und Blaumeisen lassen immer noch ihr »dsädsädsä ...« hören, auch wenn sie gar nicht mehr um Futter betteln. Es scheint jetzt mehr ein Laut des sozialen Kontaktes zu sein. Viele Bettellaute anderer Arten sind irgendwie kurze Rufe, aus dem man ein »i« heraushören kann. Meist muss man freilich nachsuchen, um sich seiner Sache sicher zu sein.

Junge Kohlmeise.

Die Zeit der Streuungswanderungen bringt aber auch im Wald und im Park überraschende Begegnungen, wenn man ein feines Ohr dafür hat. An ungewohnter Stelle lassen sich z. B. **Tannenmeisen** aus Laubbäumen vernehmen, zwar nicht mit ihrem Gesang, sondern mit ihren charakteristischen kurzen, im Unterschied zu Kohl- und Blaumeise etwas metallisch klingenden »zieh«-Rufen. Aufregender sind weiche »zip« bis harte »tzick« oder auch fast stimmlos »tzck«, die bei flüchtigem Hinhören zunächst eher an das erregte Ticksen von Rotkehlchen erinnern. Die Rufe kommen aber hoch aus dem Baum, und erst nach längerem Suchen entdeckt man **Kernbeißer** als ihre Urheber. Die größten heimischen Finkenvögel mit dem mächtigen kegelförmigen Schnabel werden im Sommer oft übersehen, da sie sich meist hoch auf Bäumen aufhalten und stimmlich nicht viel hermachen. Der wenig melodische Gesang aus Klicks und dünnen Pfiffen fällt im Frühjahr auch nicht auf. Kernbeißer sind zwar Standvögel, streifen aber schon ab dem Sommer auf der Suche nach geeigneter Nahrung umher. Im Frühjahr sind Knospen und grüne Triebe ihre Hauptnahrung, im Sommer kommen reifende Früchte vieler Laubbäume wie Hainbuche oder verschiedener Ahornarten, später auch Buche dazu, und dann die hartschaligen Samen von Steinfrüchten wie Kirsche, Kornelkirsche oder Traubenkirsche. Das alles wächst nicht an einem Platz und zwingt die Vögel umherzuwandern. Man kann daher nie sicher sein, wo und wann man Kernbeißern begegnet.

Auch im Fichtenwald kann sich im Hochsommer eine Änderung anbahnen, die aber nicht jedes

Jahr zu erwarten ist. Einige gedrungene Kleinvögel fliegen mit eiligem »gip gip gip« über die kleine Waldlichtung und sind sofort in den dichten Fichtenwipfeln verschwunden. Wenn man die Rufe von früher im Ohr hat, ist der Fall eindeutig: **Fichtenkreuzschnäbel** sind wieder einmal aufgetaucht. Die Wanderungen dieser Nomaden sind schwer zu durchschauen und hängen zumindest teilweise mit dem jeweiligen Angebot der Hauptnahrung zusammen. Fichtenkreuzschnäbel leben hauptsächlich von den Samen der Nadelbäume. Manchmal kommt es zu regelrechten Invasionen, dann sind wieder jahrelang nur wenige oder gar keine an einem Ort. Oft aber erscheinen die ersten Vögel auch nach einer längeren Pause mitten im Sommer. Vielleicht kommt es dann im folgenden Jahr im Spätwinter zu Bruten. Fichtenkreuzschnäbel können nämlich fast das ganze Jahr über mit einem Gelege beginnen; die meisten Bruten fallen in den späten Winter und das zeitige Frühjahr. Ist man einmal den eiligen Vögeln auf die Spur gekommen, lohnt sich also Nachsuche in den nächsten Wochen. Gibt es bis Herbst einen größeren Einflug, oder bleibt es bei einigen wenigen Begegnungen?

Auf Wiese und Feld

Am ehesten merkt man in offenen Landschaften, dass die Brutzeit allmählich zu Ende geht und Vögel schon langsam auf der Wanderung sind oder zumindest in der Phase des Herumstreifens neue Gebiete erkunden. Dort wo im Frühling **Kiebitze** balzten und vielleicht auch brüteten, ist von den auffälligen Vögeln schon seit einiger Zeit nichts mehr zu sehen. Alt- und Jungvögel haben die Brutplätze verlassen, um sich an günstigeren Stellen zu sammeln und sich auch der Mauser zu unterziehen. Auf Mähwiesen und Feldern ist für sie jetzt nichts mehr zu holen, vor allem wenn die obersten Bodenschichten bei starker Sonneneinstrahlung zunehmend trockener werden. Vielleicht fliegt von irgendwoher einmal ein größerer Trupp über die Felder, von oder zu einem Sammelplatz, oder fällt vorübergehend auf einer Weide ein. Immer wieder sieht man auch **Lachmöwen** über Feldern und Wiesen. Je nachdem, wie der Rhythmus der Feldbearbeitung im Jahr abläuft, sind sie nicht nur im Frühjahr, sondern auch oft im Spätsommer und Herbst hinter der bodenbearbeitenden Maschine in Scharen auf einem Acker.

Zu großen Schwärmen können sich allmählich die **Stare** zusammenrotten, die vor allem auf Viehweiden einfallen und zwischen dem Weidevieh eifrig herumlaufen. Bei Störung fliegen sie geschlossen auf, um sich in einem Gehölz oder auf einem einzeln stehenden Baum in Sicherheit zu bringen. Sie sitzen auch gern einmal wie eine

Tipps

- **Grünlinge** und **Goldammern** singen noch, vielleicht auch einige andere Arten.
- Für **Vogeltränke** im Garten sorgen.
- **Mausernde Schwimmvögel** auf Teich und See.

Herausforderungen des Monats:

1. Wie steht es mit dem Brutgeschäft bei Schwalben (Zweitbruten)?
2. Welche Vögel leben in der Sandgrube?
3. Wie groß sind die Jungen bei Schwimmvögeln?

Neuerdings haben sich bei uns in manchen Gegenden Bienenfresser angesiedelt. Sind die bunten Vögel aus dem Süden Boten einer Klimaerwärmung?

Perlenschnur auf einer Leitung. Noch bis Ende des Monats können die Schwärme zu Tausenden anschwellen und zum Leidwesen der Betriebe Obstgärten, Obstplantagen und Weinbergen heimsuchen.

Dorngrasmücken kann man in ihren Revieren auf einzelstehenden Büschen noch entdecken. Gegen Monatsende werden sie schon weiter umherstreifen oder sich auf den Wegzug vorbereiten. Goldammern singen noch, Feldlerchen schon länger nicht mehr. In seinem Revier ist auch der **Neuntöter** noch anzutreffen. Gegen Mitte des Monats werden die Jungen aus dem Nest sein, aber und mit weithin hörbarem Quäken weiterhin nach Futter betteln. Ihr Jugendkleid gleicht sehr stark dem Gefieder des Weibchens, ist aber auf der Oberseite einheitlich braun und an Rücken und Schulter mit einer helleren Wellenzeichnung versehen. Wenn man genau hinsieht, kann man auch die helle Schnabelbasis der Jungvögel erkennen, die bei den Altvögeln dunkel ist.

Lohnend sind aufmerksame Kontrollen von Flächen, die im offenen Land mehr nebenbei anfallen und eigentlich nicht viel hermachen. Sandgruben und Bodenabbaustellen, Brach- oder Schotterflächen, trockene Heiden und Böden, denen irgendwelche Maschinen zugesetzt haben oder die einmal Industrieflächen waren, sind Standorte für Tiere und Pflanzen geworden, die in den gedüngten und intensiv bearbeiteten Böden landwirtschaftlicher Nutzung nicht überleben können. So gibt es viele Beispiele einer besonders reichhaltigen Vogelwelt auf Truppenübungsplätzen. Doch genügen fürs Erste schon eine Sandgrube oder ein Böschungsabbruch an Straßen und Wegen oder eine etwas verwilderte Brachfläche. Über einer steil abgeböschten Lehm- oder Sandgrube ist viel Betrieb in der Luft durch kleine Schwalben. Einen Brutplatz der **Uferschwalben** zu entdecken, gehört zu den reizvollsten Erlebnissen der sommerlichen Vogelbeobachtung. Natürlich sieht man sich das Ganze aus gebührender Entfernung an, um den Anflug der fütternden Altvögel nicht zu stören. Bei großen Kolonien ist die steile Lehmwand regelrecht mit Löchern gespickt. Die Neströhren sind meistens 60–70 cm lang, können aber auch einmal über 1 m erreichen. Im Lauf des Juli ist mit dem Ausfliegen der Jungen zu rechnen, kurz vorher sitzen sie schon am Eingang der Neströhre. Auch außerhalb des Nestes werden sie noch wenige Tage gefüttert.

Uferschwalbenröhren oder zumindest steil abbrechende Kanten in weichem Bodenmaterial finden auch andere Interessenten. Vielleicht treiben sich einige **Feldsperlinge** an der Kolonie herum. Sie könnten auch einige der von den Schwalben gegrabenen Röhren besetzt haben, jetzt natürlich mit der 2. Brut. In neuester Zeit haben sich in verschiedenen Gebieten Deutschlands an Sandgruben zudem überraschende Brutvögel eingestellt, nämlich **Bienenfresser,** die normalerweise in Südeuropa brüten. Die Zahl der Brutvorkommen hat stark zugenommen, sodass der Südländer in den letzten Jahren ein regelmäßiger Brutvogel in Deutschland wurde. Meist sind die kleinen Vorkommen nur kurzfristig besetzt, und oft tauchen irgendwo neue auf. Bienenfresser graben ebenfalls Neströhren in weiches, aber haltbares Bodenmaterial, verwenden aber auch alte wieder oder bauen sie aus. Eine Kontrolle von alten Aufgrabungen oder Wegböschungen könnte sich also lohnen. Und regionale ornithologische Gesellschaften und Vereine sind dankbar, wenn man ihnen solche Funde mitteilt. Solche Daten werden sorgfältig gesammelt. Es könnte z. B. sein, dass die Bienenfresser nördlich der Alpen durchaus etwas mit der beginnenden Klimaerwärmung zu tun haben. Aber zunächst muss man sorgfältig Daten sammeln und auswerten, um aus bloßen Vermutungen gesicherte Erkenntnisse zu gewinnen.

In größeren verlassenen Abbaustellen oder Ödflächen, die oft nur kurze Lebensdauer haben, weil

Ein selten gewordener Brutvogel auf Ödflächen ist der Steinschmätzer.

sie nach und nach zuwachsen oder bebaut werden, kann man auch mit **Flussregenpfeifern** rechnen, vor allem, wenn eine Pfütze oder ein kleiner flacher Tümpel der Sommersonne standgehalten hat. Ein großer Teil der kleinen Regenpfeifer brütet heute auf künstlichen Ödflächen, mitunter auch weit ab vom Wasser. Natürliche, immer wieder von Hochwässern überspülte und dadurch von Vegetation frei gehaltene Flusskiesbänke gibt es schließlich kaum mehr. Auch **Steinschmätzer** lieben Ödflächen. Hier und an kahlen Wegböschungen sollte man nach ihnen Ausschau halten, ebenso wie in abgetorften Mooren. Der Juli ist der letzte Monat für die Suche nach Brutvorkommen selten gewordener Vögel des offenen Landes.

Dazwischen ist es aber wichtig, auch im Sommer immer wieder einmal in den Himmel zu schauen. Jeder bussardgroße Greifvogel ist z. B. einer Kontrolle wert. So könnte etwa einmal ein **Wespenbussard** gegen den Waldrand über das Land fliegen. Ihn vom Mäusebussard sicher zu unterscheiden, ist schwierig. Da muss man in einem guten Bestimmungsbuch Rat suchen. In manchen Gegenden Deutschlands hat man auch das außergewöhnliche Glück, über Getreidefeldern eine der schlanken **Wiesenweihen** im gaukelnden Flug jagen zu sehen.

Wespenbussard

Am Wasser

Schon am Parkteich fällt die Mauserzeit der Schwimmvögel auf. Am Ufer sind viele Federn angespült, darunter nicht nur viele kleine vom Körper, sondern auch große Schwungfedern von Enten und sogar mächtige weiße Schwanenfedern. Sieht man sich die **Höckerschwäne** genauer an, sind die Jungvögel so gut wie erwachsen und tragen das hellgraue Jugendkleid. Die Altvögel aber sehen merkwürdig gestutzt aus. Von den mächtigen Flügeln, die vor allem beim aggressiven Schwimmen durch Aufstellen und Abwinkeln vom Körper dem Schwan sein imponierendes Aussehen verleihen, ist nicht mehr viel zu sehen. Bei Schwänen, Gänsen und Enten, aber auch bei Haubentauchern und Blässhühnern fallen bei der sommerlichen Mauser die Schwungfedern nicht einzeln nach und nach aus, sodass der Vogel trotz kleiner Mauserlücken noch flugfähig bliebe, sondern alle gleichzeitig. Mitten im Sommer sind die mausernden Wasservögel daher für einige Wochen flugunfähig. Erst wenn die neue Schwungfederngarnitur herangewachsen ist, können sie wieder abheben.

Die Mauser der Entenverwandten ist einer der Gründe, warum Schutzgebiete am Wasser und geschützte Wasserflächen für Vögel überlebenswichtig sind. Draußen am See ist gar nichts mehr zu sehen, denn das Ufer ist mit Badegästen und Erholungssuchenden belegt und die Wasserfläche voller Boote. Alle Vögel haben sich dorthin

Unter den jungen Höckerschwänen mit normalem grauem Dunenkleid gibt es auch eine Minderheit von weißen Vögeln, die dann als Altvögel an ihren hellen Füßen zu erkennen sind.

zurückgezogen, wo Naturschutzgebiete ausgewiesen oder aus anderen Gründen baden und Boot fahren untersagt ist. An Fischteichen, unzugänglichen Seeabschnitten oder in Schutzgebieten drängt sich alles zusammen, und hier ist Hochbetrieb. Vor allem Tafel- und Reiherenten haben sich auf offener Wasserfläche zu Scharen zusammengeschlossen, während Stockenten und möglicherweise einige andere Gründelenten, braun und unansehnlich jetzt, am Schilfrand oder in der Vegetation im Seichtwasser herumschwimmen. Fast alle sind augenblicklich flugunfähig, bis die Schwungfedern wieder herangewachsen sind. Man sieht übrigens unter den Trupps der beiden Tauchentenarten fast nur Erpel. Die Weibchen sind mit ihren Jungen noch an den Brutplätzen. Die Erpel wanderten inzwischen oft Hunderte von Kilometern, um an geeignete, vor allem ruhige und nahrungsreiche Mauserquartiere zu kommen. Man spricht von einem Mauserzug.

Auch sonst machen sich Wanderungen unter Wasservögeln bereits bemerkbar. Unter den **Lachmöwen** sind viele braune Jungvögel, im Flachwasser und am flachen Wiesenufer finden wir in Scharen die Kiebitze, die wir auf den Wiesen schon lange vermisst haben. Und auch **Graureiher** haben sich wieder in nennenswerter Zahl eingestellt, denn die Brutkolonien irgendwo am Waldrand oder in einem Gehölz sind längst verlassen. Die diesjährigen Reiher erkennt man an ihrer grauen Stirn und an ihren grauen Halsseiten, die bei den Altvögeln weiß sind.

August

Neue Vögel am Urlaubsort und daheim an Beeren und Früchten

Mittelmeermö

Auch im August füttern immer noch einige Vögel Nestlinge oder kümmern sich um nicht herangewachsene Jungvögel. Rauch- oder Mehlschwalben gehören beispielsweise dazu, die am Haus noch die Jungen einer Spätbrut im Nest haben. Da ist dann aber nicht mehr sicher, ob alles gut geht. Auch wenn die Jungen noch bei gutem Wetter flügge werden, könnte die Zeit, für den weiten Zug bis in Gebiet jenseits der Sahara genügend Reserven anzulegen, knapp werden. Auch auf dem Wasser überraschen uns noch Jungvögel. Haubentaucher führen noch kleine laut bettelnde Junge. Das sind wohl Produkte einer durch Störungen des Bade- und Bootsverkehrs erzwungenen späten Ersatzbrut. Es kann bei den Tauchern sogar noch später werden, halbwüchsige Junge im September als Folge des sommerlichen Rummels sind heute nicht mehr außergewöhnlich. Reiherenten sind dagegen als die am letzten mit der Eiablage beginnenden Entenart in der Regel ziemlich spät dran. Anfang August sind noch längst nicht alle Jungen flügge.

Schwalbenversammlungen auf den Leitungen, große Starenschwärme, Taubenschwärme auf Wiesen und Feldern und von Tag zu Tag andere Singvögel im Garten deuten an, dass die Zeit des Wegzuges vom Brutplatz in ein Winterquartier bevorsteht oder für einige bereits begonnen hat. Im Allgemeinen läuft es jedoch im Herbst etwas gemütlicher als im Frühjahr, die Vögel haben mehr Zeit. Die brauchen sie aber auch, denn es ist ja noch die Mauser nach Beendigung des Brutgeschäfts und der Jungenaufzucht zu erledigen. Die ersten Zugvögel sind aber schon aufgebrochen, viele Mauersegler, Kuckucke oder Pirole. Alle, die als Langstreckenzieher am spätesten eintrafen, brechen als Erste wieder auf. Manche verbringen kaum 3 Monate im Jahr in ihrem Brutgebiet.

Der August ist der wichtigste Urlaubsmonat der Deutschen. Leider ist er nicht ganz so günstig für Vogelbeobachter, denn die begehrte Sonne und Wärme in südlichen Ländern macht es schwer, die dortige Vogelwelt zu erkunden. Die über dem ausgetrocknete Boden flimmernde Hitze stört die Fernsicht erheblich und lähmt auch die Aktivität von Vogel und Mensch. Manche Brutvögel haben sich in günstigere Gebiete zurückgezogen, die meisten Singvögel tragen Jugend- oder Schlichtkleider, was die Bestimmung erschwert, und vom Vogelgesang ist natürlich schon lange nichts mehr zu hören. Einige für den Küstenbewohner alltägliche Vogelgestalten sind jedoch für den Binnenländer, der ans Meer kommt, willkommene Beobachtungsobjekte. Ein besonders schwieriges Kapitel bieten die Möwen. Auch wenn man sie im Hafen oft ganz von der Nähe sehen kann, stellen sich manche Fragen.

Die größten **Möwen** kommen als weiße Vögel mit silbergrauem Rücken und als braune oder mit

braunen Flecken besetzte und ganz unterschiedliche helle Typen vor. Alles, was braune Marken im Gefieder trägt, ist noch nicht ausgefärbt. Die dunkelsten braunen Möwen sind die Jungvögel vom Jahr, die helleren mit braunen Flecken 2–3 Jahre alte Vögel. Die Großmöwen erhalten nämliche erst im 4. Jahr ihr Alterskleid. An der Nordsee finden wir das gleiche Bild wie etwa in einem Hafen am Mittelmeer. Und doch handelt es sich bei nahezu identischem Aussehen um 2 verschiedene Möwenarten, wie man erst seit relativ kurzer Zeit weiß. Die Altvögel am Mittelmeer haben gelbe Beine, und ihr grauer Rücken ist auch etwas dunkler als jener der Nordseevögel. Diese gelbbeinigen Möwen sind **Mittelmeermöwen.** An der Nordsee haben die meisten Altmöwen rosafarbene Beine. Das sind wichtige Kennzeichen der **Silbermöwe.** Auch noch nicht das Alterskleid tragende Vögel der beiden sehr ähnlichen und nahe verwandten Arten kann man unterscheiden. Aber das wird äußerst schwierig und ist Sache von Experten; die Beinfarbe spielt da nämlich nicht mehr mit. Die Lösung heißt auch nicht, Mittelmeermöwen ans Mittelmeer zu platzieren, Silbermöwen an Nord- und Ostsee. Inzwischen tauchen nämlich Mittelmeermöwen nördlich der Alpen im Binnenland auf und brüten in kleiner Zahl zumindest im südlichen Deutschland. Andererseits können auch einmal Silbermöwen tiefer ins Binnenland geraten, sodass man bei uns am Wasser immer genau hinsehen muss. Und schließlich ist es mit den beiden Möwenarten noch nicht getan. Es gibt noch mehrere Großmöwenarten, die vor allem in Jugend- oder Übergangskleidern einander zum Verwechseln ähnlich sehen. An Nord- und Ostsee kann man einige davon fast regelmäßig beobachten, etwa Heringsmöwen oder die mächtigen Mantelmöwen.

Ums Haus und im Garten

Ein täglicher Gast verschwindet in den ersten Augusttagen oder auch schon Ende Juli. Die **Mauersegler** haben sich ganz unbemerkt verabschiedet. Sie sind allerdings noch nicht restlos weggezogen, sondern draußen über der Feldflur oder vor allem am Wasser bis in den September hinein zu sehen. Dabei kann es sich freilich auch um Durchzügler aus nördlichen Gebieten handeln. Das ist vor allem wahrscheinlich, wenn es längere Zeit keine Segler mehr gab und plötzlich für kurze Zeit über dem See die Luft wieder voll davon ist.

Bei den Schwalben dauert es noch ein bisschen. Die Situation hat sich insofern entscheidend geändert, dass sich oft sich größere Schwärme vor allem von **Mehlschwalben** auf Leitungsdrähten versammeln. Die Leute meinen dann, sie würden sich schon zum Abzug sammeln, und mitunter werden auch mehr oder minder düstere Prognosen über das Wetter im kommenden Herbst oder Winter damit verbunden. Mit Sicherheit ahnen Vögel das Wetter nicht langfristig voraus, das sie in diesem Fall auch gar nicht mehr interessieren wird. Mehlschwalben sind das ganze Jahr über gesellig, und nach dem Ausfliegen der Jungen ergeben sich eben größere Schwärme, die oft plötzlich einmal ohne erkennbaren äußeren Anlass vom Draht aufstieben, um sich bald wieder nach und nach darauf niederzulassen. Auf hohen Gebäuden, an Mauervorsprüngen oder Fenstersimsen nehmen Mehlschwalben auch gern einmal ein Sonnenbad. Abends sind sie dann plötzlich weg. Ihre Sammelschlafplätze liegen meist in Laub- oder Nadelbäumen.

Rauchschwalben machen es ähnlich. Ihre gemeinsamen Schlafplätze befinden sich aber

Im Spätsommer versammeln sich Mehl- und Rauchschwalben oft in großen Scharen auf Leitungsdrähten; noch kann es aber bis zum endgültigen Wegzug mehrere Wochen dauern.

bevorzugt im Schilf, das allerdings in vielen Gegenden schon sehr selten geworden ist. Bei ihnen kann man sehr schön erkennen, dass die meisten Jungvögel sind. Eine hell rötliche statt dunkel braunrote Kehle und viel kürzere Schwanzspieße unterscheiden sie von den Altvögeln. Bei den Mehlschwa ben sind die Altersunterschiede nicht so auffällig, die Jungvögel sind unterseits nicht so strahlend rein weiß wie Altvögel und auf der Oberseite matt statt blau glänzend schwarz. Fast jedes Jahr sind irgendwo noch einige Schwalben beider Arten spät dran mit der Aufzucht ihrer 2. oder aus irgendeinem Grund verspäteten Brut. Es kann also durchaus sein, dass einerseits die flüggen Jungen des Jahres sich schon munter auf der Leitung versammeln, andererseits noch Elternpaare die Nester anfliegen. Die Chancen solcher Spätbruten dürften meist gering sein. Die Jungen werden zwar noch ausfliegen, ob sie ihren ersten Zug ins Winterquartier meistern, ist jedoch fraglich. Es hat aber keinen Sinn, einzugreifen und gut gemeinte tierschützerische Hilfe zu praktizieren. Daraus kann eher unbeabsichtigte Tierquälerei werden.

Ein besonderer Anziehungspunkt für erstaunlich viele Vögel sind die ab August reifenden Holunderbeeren. Wenn Holundersträucher ums Haus und im Garten überhaupt noch vorhanden sind, bieten sie vielen Vögeln jetzt willkommene Nahrung. An Ruderalstellen und Gehölzen am Wald-

rand oder auf Waldlichtungen sowie an Gräben und Böschungen, überall wo es etwas feucht oder schattig ist, stehen sie wohl noch, aus vielen Hausgärten wurden sie »hinausgesäubert«. Man sollte sich also bei Spaziergängen den Standort von Holundersträuchern merken und sie bei Beerenreife kontrollieren. Wir kommen gleich noch einmal darauf zurück.
Wer in den Alpen Urlaub macht, kann ums Haus ganz bequem einem besonders interessanten Vogel bei der Arbeit zusehen: **Tannenhäher** fliegen mit vollem Kropf von den Hausgärten bergwärts in die Hänge, und das mit großer Regelmäßigkeit. Sie plündern in den Gärten die noch milchreifen Haselnüsse und vergraben die Früchte höher oben am Berg in ihrem eigentlichen Lebensraum. Diese Vorräte spielen für den Winter eine große Rolle, aber auch für die Aufzucht der Nestlinge des kommenden Jahres, die mit »eingelagerten« Haselnüssen aufgezogen werden.
Und weil wir gerade in den Alpen sind: Die um Gipfelhäuser oder sehr hoch gelegene Berggasthäuser fliegenden **Alpendohlen** sind nicht mit den Dohlen an Kirchtürmen, Burgen und Ruinen gleichzusetzen. Sie sind nur im Hochgebirge daheim und kommen im Winter regelmäßig in die Ortschaften der Alpentäler herunter.

Tannenhäher

In Park und Wald

Zum Leidwesen von Winzern und Obstbauern stellen sich einige Vogelarten, die im Frühjahr und Sommer ausschließlich von Insekten und wirbellosen Bodentieren (z. B. Regenwürmern) leben, im Sommer und Herbst auf weiche Früchte und Beeren um. **Stare** suchen in riesigen Schwärmen Weinberge und Obstplantagen heim, auch **Amseln** oder **Wacholderdrosseln** sind oft mit dabei.
Dieses Interesse an Früchten ist im Spätsommer ganz normal und hat nichts mit einer Umstellung oder Anpassung an die Zivilisation zu tun. Wild wachsende Beerensträucher und Bäume mit ganz unterschiedlichen Früchten spielten abseits des in manchen Gegenden vom Menschen gelieferten üppigen Angebots schon immer eine wichtige Rolle. Im August sind es vor allem reifende Holunderbeeren, die eine magische Anziehungskraft auf eine ganze Reihe heimische Vögel ausüben. Auch wenn gerade kein Betrieb im Strauch ist, zeugen die überall auf dem Weg verstreute violettroten Kotspritzer vom Besuch vieler gefiederter Gäste. Zunächst sind es einmal die Drosseln, die als Früchtefresser keine Überraschung sind. Amseln oder Wacholderdrosseln füttern sogar die Jungen später Bruten schon mit reifenden Kirschen oder Beeren. Die Nahrungsumstellung vom Fleischesser zum Vegetarier orientiert sich also am jeweiligen Angebot.

Die **Amsel** ist nicht nur bei Gartenbeeren, sondern auch am Holunder vorn dran. Aber auch alle anderen heimischen Drosseln besuchen je nach Umgebung die Büsche mit den reifenden Beeren am Waldrand oder im Feldgehölz, etwa **Sing-, Mistel-** und **Wacholderdrossel.** Die ersten Besuche lassen sich schon registrieren, wenn die Beeren noch nicht einmal ganz reif sind. Die auffallenden schwarzen reifen Beeren, in Scheibendolden angeboten, sind übrigens speziell auf Vögel zugeschnitten. Denn viele ihrer Bestandteile passieren Magen und Darm der Vögel sehr schnell und werden unbeschadet wieder ausgeschieden. Die Kothäufchen mit dem Farbstoff der Holunderbeeren beweisen es. Bei genauerer Inspektion sind darin auch Samenkörner zu erkennen. Beeren fressende Vögel sorgen damit für die Verbreitung der Pflanze. Gleiches gilt für eine Reihe weiterer Sträucher und Bäume. Auf dem Speiseplan von Drosseln stehen neben Holunder z. B. regelmäßig auch Himbeere, Brombeere, Vogelkirsche, Eberesche, Weiß- und Rotdorn, Schneeball, Mistel, Hartriegel, Efeu und andere. Im beginnenden Herbst kann ein Blick auf Früchte und Beeren zu mancher interessanten Vogelbeobachtung führen. Mistel- und Wacholderdrossel hat die Vorliebe für Früchte sogar den Artnamen gebracht. Zu den auffälligsten Holunderbesuchern, die sich schon aus größerer Entfernung erkennen lassen, zählen natürlich auch Stare.

Selbst ausgesprochene Insektenjäger werden im Spätsommer zu Vegetariern. Für die **Mönchsgrasmücken** bedeutet der Holunder jetzt eine wichtige Nahrungsquelle. Die zahlreichen Vögel mit brauner Kopfkappe sind nicht alles Weibchen, sondern auch Jungvögel des Jahres. Erst nach der Mauser des Jugendkleides, die aber erst Ende September bis Mitte Oktober abgeschlossen ist, tragen auch die jungen Männchen eine schwarze Kappe. Beobachtungen am Holunder erlauben, manche im Frühjahr und Sommer im dichten Gebüsch oder Laub der Bäume herumhuschende und daher nur flüchtig wahrgenommen Vogelgestalt eingehender zu betrachten: **Garten-** und **Klappergrasmücken** sind zu erwarten, mitunter auch eine **Dorngrasmücke**, sowie alle 3 **Laubsänger**-Arten, vielleicht gar ein vorbeikommender **Gelbspötter.** Rotkehlchen und Rotschwänze stellen sich ein. Jugendkleider, Schlichtkleider und verschiedene Stadien in der Mauser machen auch die Beobachtung solcher bereits bekannter Arten jetzt spannend.

Für Amseln, aber auch andere Drosseln und viele Insekten fressende Singvögel sind reife Holunderbeeren eine wichtige Nahrung.

Auf Wiese und Feld

Vögel sind jetzt sehr ungleich verteilt. Manche Flächen scheinen geradezu vogelleer, an anderen Stellen drängen sich große Scharen. Wenn Vieh auf der Weide ist, gibt es fast immer auch viele **Stare**. Sie sehen aber ganz anders aus als das singende Männchen im Frühjahr auf der Sitzstange des Nistkastens. 3 Typen lassen sich unterscheiden: Dunkel und über und über mit gelblichweißen Flecken übersät sind die Altvögel, die jetzt ins Schlichtkleid gemausert haben. Bis zum Frühjahr nutzen sich die hellen Federspitzen ab, sodass aus dem herbstlichen »Perlstaren« der schillernde ungefleckte Frühjahrsstar wird. Bei einigen Vögeln, besonders den Starenweibchen, bleiben dann noch einige gelblichweiße Flecken übrig. Der 2. Typ an spätsommerlichen Staren ist einfarbig bräunlich, in Vogelbüchern spricht man auch von schmutzigbraun. Das sind die Jungvögel, die vielleicht schon von Garten und Park bekannt sind. Und dazwischen laufen auch noch Vögel herum, bei denen Teile des Körpergefieders schwarz und hell geperlt aussehen wie bei den Altvögeln, Kopf und Hals und noch einige andere Gefiederpartien jedoch einfarbig graubraun wie bei den Jungen. Das sind Jungvögel, die bereits ihr Jugendkleid mausern und es gegen das perlenbesetze Schlichtkleid der Altvögel eintauschen. Ihr Anteil wird sich gegen September noch erhöhen.

Vogelschwärme da und dort lohnen jetzt immer besondere Aufmerksamkeit. Unter den Ringeltauben auf der kurzrasigen Wiese oder dem abgeern-

Junge Stare mausern ins weiß gefleckte Federkleid der Altvögel; an den Köpfen tragen sie noch Federn des Jugendkleides.

teten Acker könnten auch **Hohltauben** sein. Sie ähneln wildfarbenen Straßentauben in der Stadt, die übrigens im Spätsommer und Herbst auch Ausflüge auf die Felder der Umgebung einer Siedlung unternehmen, sind aber auf der Oberseite mehr blaugrau, tragen nur 2 kurze schwarze Flügelbänder und haben, was vor allem beim Auffliegen gut zu sehen ist, keinen weißen Hinterrücken. Mit allerlei gescheckten und auffallend gefärbten Haustauben hat man ab jetzt bis zum Einbruch des Winters auch draußen auf Wiesen und Feldern zu rechnen.

In Kleinvogelschwärmen an Stellen mit stehengebliebenen samentragenden Stauden kann alles an kleinen Körnerfressern dabei sein: Grünfinken, Stieglitze, Bluthänflinge, Girlitze, Goldammern und Feldsperlinge. Auf kleinen Erd- oder Steinhäufen sitzen Rotschwänze, mitunter auch die ersten abziehenden **Steinschmätzer**. Bachstelzen trippeln überall herum, auch Schafstelzen sind noch da. Vielleicht sitzen einige **Weißstörche** auf einer Wiese, oder einzelne **Graureiher** gehen auf einer Wiese dem Mäusefang nach. Möglicherweise hat man auch das Glück, einer **Rebhuhn**-Familie zu begegnen. Von Aussetzungen der Jäger abstammende **Fasane** wird man im Spätsommer und Herbst leichter einmal einige zu Gesicht bekommen, obwohl es auch ihren Beständen in der heutigen Agrarlandschaft im Allgemeinen nicht gut geht.

Leitungen sind zwar keine Zierde der Landschaft und für viele Vögel auch gefährlich. Aber sie und Gittermasten sind auch beliebte Sitzplätze für Vögel. Schwalben, die letzten Neuntöter, Baumpieper, Stare und vielleicht auch Braun- oder Schwarzkehlchen sowie einige andere bisher noch nicht gesehene Vögel lassen sich gern einmal für eine Weile auf dem Draht nieder. Leitungsmasten dienen als Sitzwarten für Mäusebussard, Rot- und Schwarzmilan. Auch nach durchziehenden Wespenbussarden und nach **Baumfalken** kann man Ausschau halten. Die schnellen Falken haben sich jetzt auf Schwalbenjagd umgestellt. Wahrscheinlich ist der Jagderfolg bei den noch wenig gewandten Jungschwalben auch lohnend. Bis Mitte August müssen Baumfalken oft noch Nestlinge versorgen; sie beginnen spät im Jahr mit ihrer Brut. Wenn Rauchschwalben plötzlich hektisch werden und überall in der Luft ihre scharfen »biwist«-Rufe zu hören sind, aufgeregt herumfliegende Mehlschwalben sich mit schrillem »sier« melden, ist sicher ein Baumfalke in der Nähe. Es kann natürlich auch ein **Sperber** sein, der ab jetzt häufiger aus dem Wald kommt und sich vom Vogelleben in der offenen Landschaft oder um die Häuser seinen Anteil holen möchte.

Fasane stammen von Aussetzungen ab, haben aber in der heutigen Agrarlandschaft abgenommen.

Am Wasser

Für die Urlauber am Meer gibt es neben den überall, auch am Badeplatz oder im Yachthafen anwesenden Silbermöwen noch einige weitere Möwenarten zu entdecken, jedenfalls an Nord- und Ostsee. Am Mittelmeer ist das Angebot etwas einseitiger. Da tauchen neben **Mittelmeermöwen** die wohlbekannten Lachmöwen auf, vielleicht sind auch schon einige **Brandseeschwalben** da, jetzt im Spätsommer bereits im Schlichtkleid mit weißer Stirn. Auch einzelne im Hafenbecken stoßtauchende **Flussseeschwalben** tragen meist eine weiße Stirn. Vom roten Schnabel ist nichts mehr übrig geblieben, er ist jetzt einheitlich schwarz.

An der Küste von Nord- und Ostsee fliegen neben den Silbermöwen deren kleinere Ausgabe, die **Sturmmöwen.** Die Altvögel haben ebenfalls silbergraue Oberflügel mit schwarzen Spitzen, die Jungvögel sind braun. Sturmmöwen sind deutlich größer als Lachmöwen, jedoch deutlich kleiner als Silbermöwen. Da man aber mit Größeneinschätzungen fliegender Vögel ohne Vergleichsmaßstab oft seine Schwierigkeiten hat, noch ein weiterer Tipp: Der Schnabel der Sturmmöwe ist viel zierlicher als jener der Silbermöwe. Das hilft auch bei der Unterscheidung der bräunlichen Jungvögel.

2 weitere Großmöwen, denen man begegnet, sind auf der Oberseite dunkel. Die mächtigste Möwe überhaupt ist die **Mantelmöwe** mit schwarzem Rücken. Ihre Beine und Füße sind blassrosa. Etwas kleiner und zierlicher sind **Heringsmöwen,** ihr Rücken mit Oberflügeln ist eher dunkelgrau in verschiedenen Helligkeitsabstufungen; die Beine sind gelb. Die Jungvögel beider Arten ähneln sehr stark jungen Silbermöwen. Wenn man sich an die Bestimmung der Arten junger Großmöwen wagt, ist man als ungeübter Binnenländer bald am Verzweifeln, denn viele lassen sich nicht sicher zuordnen, jedenfalls nicht ohne viel Erfahrung und Übung. Junge Mantelmöwen sind vielleicht noch am mächtigen dunklen Schnabel zu erkennen. Noch nicht ausgefärbte Großmöwen in späteren Kleidern ähneln dann immer mehr den Altvögeln der jeweiligen Art, sodass man dann wieder kleine Erfolgserlebnisse im Möwenerkennen hat.

Es gibt also selbst am belebten Kai viel zu sehen und erst recht, wenn bei einer kleinen Überfahrt Möwen und Seeschwalben das Schiff begleiten. Das Bestimmungsbuch werden wir häufig zu Rate ziehen müssen; trotzdem bleiben manche Fälle sicher ungelöst. Das gilt wahrscheinlich auch für die großen Vogelscharen, die sich jetzt schon auf dem Watt tummeln. Hier ist das Problem freilich eher, dass die meisten Vögel zu weit entfernt sind. Wenn man Wattvögel aus der Nähe sehen will, muss man die Flut abwarten. Ein

Tipps

- Mauersegler und andere **Langstreckenzieher** verlassen uns.
- **Letzte Vogelbruten.**
- **Vogelschwärme** auf Wiesen und Äckern.
- **Neue Gäste** am Wasser

Herausforderungen des Monats:

1. Vögel an Holunderbeeren
2. Durchzügler auf Schlammflächen
3. Alte oder junge Schwalben?
4. Perlstare: Stare sehen jetzt anders aus

Tidenplan ist daher für Beobachtungen am Meer unerlässlich. Aber einige auffällige Gestalten fliegen auch mitunter näher vorbei oder lassen sich bei Strandabschnitten sehen, die nicht von Badegästen belagert sind. Auch am Meer erweisen sich Schutzgebiete und Nationalparks als unentbehrlich. Fachkundige Führungen sind für den Interessierten ein besonderes Urlaubserlebnis, das sicher auch manche bisher nicht gesehene Vogelart verheißt.

Die auffälligste Vogelgestalt am Watt, nicht nur optisch, ist der **Austernfischer.** Immer wieder einmal fliegt ein Vogel rufend am Deich vorbei. Draußen sammeln sich auch schon größere Trupps. An manchen Stellen hat man vielleicht auch das Glück, einen **Säbelschnäbler** ins Fernglas zu bekommen. **Große Brachvögel** haben sich in Scharen im Watt gesammelt, man hört auch nachts ihre klangvollen Rufe, wenn sie unterwegs sind. Ein etwas kleinerer und vor allem kurzschnäbliger Brachvogel meldet sich mit einem sehr charakteristischen »pühühühühüh«. Hat man diesen Ruf einmal erkannt und gespeichert, wird man vielleicht einen **Regenbrachvogel** auch einmal als Durchzügler im Binnenland entdecken. Immer wieder hört man vom weiten Watt zudem das melodische »djü« der zahlreichen **Rotschenkel**.

Auch bei den zahlreichen kleinen Watvögeln hat man vielleicht einmal das Glück, einigen in größerer Nähe zu begegnen. Da laufen dickköpfige kleine Regenpfeifer über das Watt, die Flussregenpfeifer ähneln. Es sind aber **Sandregenpfeifer**, die sich durch lebhaft orangefarbene Beine der Altvögel und jetzt im Schlichtkleid durch ein breites braunes Brustband vom zierlicheren Verwandten im Binnenland unterscheiden. Sie wandern auch durchs Binnenland und sind daher im Herbst oder Frühjahr auf Schlammflächen am Seeufer oder in einem abgelassenen Fischteich zu sehen. Der Watvogeldurchzug im Binnenland beginnt jetzt sehr interessant zu werden. Wasserläufer wie **Grünschenkel, Dunkler Wasserläufer** und **Waldwasserläufer** sind an den Ufern zu erwarten. An bewachsenen schlammigen Stellen halten sich einige **Bekassinen** versteckt, Brachvögel und Kiebitze stehen im Seichtwasser. Man kann auch einem **Alpenstrandläufer** jetzt begegnen, meist im Jugend- oder später dann im Schlichtkleid. Die Bestimmung der kleinen Strandläufer ist schwierig, ein gutes Bestimmungsbuch erleichtert die Sache etwas. Eine Überraschung am Wasser, die in den letzten Jahren häufiger eintritt, ist allerdings auf den ersten Blick zu erkennen: Immer wieder einmal lassen sich einzelne **Schwarzstörche** zur Rast an einem Teich nieder.

Der Austernfischer ist einer der auffälligsten Küstenvögel. Einige brüten neuerdings auch im Binnenland.

Alles in Bewegung: Abreise, Transit, Ankunft

Erlenze sig

Der Abzug der Zugvögel ist ungleich weniger spektakulär als ihre Ankunft im Frühjahr, denn Zugvögel melden sich nicht ab. Sie sind einfach verschwunden, und das wird dem Beobachter natürlich erst Wochen später richtig bewusst. Da keine Vögel mehr singen, nicht alle dauernd ihre arttypischen Rufe hören lassen dazu noch Schlicht- oder Jugendkleider tragen, sind Beobachtungsdaten über den Abzug oder letzte Feststellungen im Jahr meist viel unpräziser als die ersten Daten singender Männchen nach dem Winter, auf die man regelrecht warten kann. Zudem ist im frühen Herbst das Laub noch viel dichter als im Frühjahr zu Zeiten der Ankunft oder des Durchzuges. In Büschen und Bäumen ist es daher jetzt oft schwierig, Kleinvögel zu entdecken.

Mehr ist im offenen Land und vor allem auf und am Wasser vom Wegzug zu bemerken, wenn ungewöhnliche Arten auftauchen oder sich größere Schwärme formiert haben. Von ziehenden Vögeln unmittelbar kann man an bestimmten, besonders günstigen Geländebildungen, etwa in einem Tal, an einem Pass oder an einem erhöhten Aussichtspunkt viel mitbekommen, wenn man sich die Mühe macht, regelmäßig oder gar täglich zu kontrollieren. Die Verhältnisse ändern sich aber oft unvorhersehbar, ein Vogelschwarm ist schnell vorbeigeflogen, und dann kann es sein, dass wieder mehrere Tage kaum etwas zu sehen ist. Viele Arten, so die meisten Insekten jagencen Singvögel, ziehen nachts und sitzen dann am Morgen in den Büschen, oft eifrig beschäftigt, wieder Nahrung zu suchen. Es lohnt sich also auch im Herbst, früh aufzustehen.

Bei Vollmond kann man auch nachts ziehende Vögel mit dem Fernrohr gegen die Mondscheibe registrieren. Da sind dann zwar kaum die Arten, aber immerhin die Gruppenzugehörigkeiten zu erkennen, wenn man gut trainiert ist. Mit allerlei Berechnungen gibt es Möglichkeiten, die Menge durchziehender Vögel zu ermitteln und damit Zugverdichtungen und Zugkorridore festzulegen, vor allem wenn mehrere Beobachter zusammenarbeiten. Im September sind alle Langstreckenzieher unterwegs und die meisten bis Ende des Monats endgültig fort. Zugvögel, die in Europa oder am Nordrand der Sahara überwintern, haben noch knapp einen Monat Zeit. Aber auch von Langstreckenziehern sind noch einige regelmäßig bis Oktober da oder kommen dann noch durch, wenn unsere Brutvögel schon abgezogen sind.

Auch im September richtet sich die Aufmerksamkeit vieler Vögel auf reife und reifende Früchte. Jetzt sind nicht mehr nur Beeren gefragt, die ohnehin oft schon abgeerntet sind, sondern auch Samen und Früchte von Bäumen. Da die Samentracht aber von Jahr zu Jahr oder auch an verschiedenen Orten nicht immer gleich groß ist,

entscheidet das sehr unterschiedliche Angebot darüber, wann wie viele Vögel einer auf bestimmte Baumsamen angewiesene Art bei uns auftauchen. Das betrifft vor allem verschiedene Finkenarten. Wenn sie von weiter her eintreffen, um womöglich mehrere Wochen und Monate, d. h. den Winter bei uns zu verbringen, ist an solchen Einflügen aber nicht nur die Samentracht der hiesigen Bäume, sondern auch das Nahrungsangebot im Herkunftsgebiet, entscheidend. Die Ankunft von Wintergästen, die im September allmählich beginnt, hängt auch davon ab, wie der vorausgegangene Sommer war, ob viel oder wenig Nachwuchs groß wurde. Ideale Vorbedingungen für einen stärkeren Einflug von Bergfinken, Erlenzeisigen, Birkenzeisigen, aber auch Buchfinken und Fichtenkreuzschnäbeln und sicher auch einigen anderen, nicht zu den samenfressenden Finkenvögel zählenden Arten sind: hoher Nachwuchs in einem guten Sommer, wenig Nahrung nach der Brutzeit, daher Zwang auf Wanderung zu gehen, und hohes Nahrungsangebot am Ziel des Einfluges. Es hat also rein gar nichts mit der Härte des kommenden Winters und dem Zeitpunkt der ersten Winterfröste zu tun.
Ein Vogel, der im September unsere Aufmerksamkeit auf sich zieht, ist der **Erlenzeisig.** Er trägt seinen Namen nicht ganz zu Unrecht, denn er ist einer der wenigen heimischen Vögel, der sich für die Nüsschen der Erlen interessiert, die allerdings erst zu Jahresbeginn reif werden. Doch auch jetzt schon sind die ersten Trupps des kleinen Finken an den unreifen Erlenzäpfchen und nicht selten an den Früchten von Birken zu sehen, die später auch für mögliche Einflüge von Birkenzeisigen sehr interessant sein können. Erlenzeisige sind in vielen Gebieten bei uns sogar Jahresvögel, aber im Sommer oft so heimlich und versteckt in Fichtenwäldern, dass sie leicht übersehen werden. Für viele Vogelfreunde beginnt der Herbst mit ihnen, wenn die jetzt meist noch kleinen Trupps mit ihren etwas weinerlich klingenden Rufen herumzigeunern.

Ums Haus und im Garten

Beide Schwalbenarten sind zwar noch im Land, aber meistens nicht mehr an den Nistplätzen und dicht ums Haus. Spätbruten im September kommen allerdings immer wieder einmal vor. Die uns das ganze Jahr über treuen **Grünfinken** interessieren sich jetzt auch für Früchte; für große fleischige Hagebutten an Heckenrosensträuchern haben sie eine besondere Vorliebe, die sie offenbar mit kaum einer anderen Vogelart teilen. Stieglitze fliegen immer mal wieder vorbei, und auch die Haussperlinge scheinen wieder mehr geworden zu sein. Jedenfalls sind kleine Gesellschaften bisweilen sehr lebhaft in der dichten Hecke.
Manche Vögel singen auch wieder etwas. Herbstgesang ist z. B. typisch für **Hausrotschwänze,** die vielleicht noch einmal ihr Revier markieren, das sie im kommenden Frühjahr nach ihrer Rückkehr wieder besetzen. Ganz sicher mit Reviermarkierung hat der vor allem in den Abendstunden wieder zu hörende Gesang einzelner **Rotkehlchen** zu tun. Rotkehlchen sind das ganze Jahr über Einzelgänger und beanspruchen auch im Herbst individuelle Reviere. Auch Weibchen singen, allerdings kürzere Strophen als die Männchen, denn auch sie nehmen eigene Reviere in Anspruch. In der ruhigen Zeit fällt der Rotkehlchengesang an stillen Abenden besonders auf. Wenn die tiefe Dämmerung hereingebrochen ist, hört man auch das

Laubsänger, wie hier ein Zilzalp, sieht man im Spätsommer und Herbst häufig an Holunderbeeren.

typische Schnickern oder Tixen der Rotkehlchen, das sie beim Aufsuchen des Schlafplatzes gerne hören lassen. Auch Amseln tixen laut, wenn es schon fast dunkel ist und sie an ihren Schlafplatz fliegen.

Der Wegzug ist in vollem Gang, auch ums Haus, in den Alleebäumen der Straße und in Hausgärten. Früh huschen Laubsänger in Büschen und Bäumen herum: **Fitis** und **Zilpzalp** sind manchmal an den Rufen und an der Beinfarbe zu unterscheiden. Viele bleiben aber notwendigerweise der Art nach unbestimmt; sie sind sich zu ähnlich. Gegen Ende September werden es wohl fast nur noch Zilpzalpe sein, von denen an sonnigen Herbsttagen immer wieder einmal einige kurz ihren Gesang hören lassen. **Garten-** und **Mönchsgrasmücken** sind ebenfalls auf dem Zug, und vielleicht entdeckt man auch einmal eine **Klappergrasmücke.** Dorngrasmücken sind ums Haus weniger zu erwarten. Dagegen ist jetzt die Wahrscheinlichkeit groß, dass die kleinen **Zaunkönige** aus den dichten Büschen kommen und sich aus nächster Nähe sehen lassen. Und plötzlich turnen auch einmal einige Goldhähnchen in der Birke vor dem Haus. Mit beiden Arten ist im Herbst zu rechnen, häufiger mit wegziehenden **Sommergoldhähnchen.**

Regelmäßig an einigen Tagen oder auch nur für Stunden tauchen **Trauerschnäpper** auf. Allerdings muss man sich auf andere Vögel einstellen als im

So sieht man Trauerschnäpper im Schlichtkleid auf dem Wegzug.

Frühjahr. Jetzt tragen alle das braune und für den, der auf die schwarz-weißen Vögel wartet, etwas enttäuschende Schlichtkleid. Am unruhigen Fliegenschnäpperverhalten und den weißen Flügelmarken sind die Vögel aber eindeutig zu erkennen. Zudem ist der Kontrast zwischen brauner Ober- und weißer Unterseite auch im Schlichtkleid noch viel deutlicher als bei anderen kleinen Insektenjägern wie Laubsänger, Grasmücken, Rohrsänger oder Rotschwänzen im Schlichtkleid. Im dichten Laub der Bäume sind Trauerschnäpper aber oft nicht leicht auszumachen. Sehr wichtig ist daher, dass man den charakteristischen Ruf, den sie oft und mit langen Wiederholungen hören lassen, gut im Ohr hat: Trauerschnäpper melden sich mit einem etwas metallisch klingen »bit«, das in dieser Klangfarbe einmalig und daher ein sicheres Artkennzeichen ist.

Auch in die Luft schauen lohnt sich in den Zugmonaten September und Oktober. Vielleicht ziehen sogar einmal Wespenbussarde über die Stadt, auch Mäusebussarde kommen weiter herum ebenso Graureiher. Enten und Möwen, auch Schwärme von Ringeltauben und mitunter einige Weißstörche lassen sich durch das laute Treiben der Menschen unter ihnen von ihrem Weg nicht abbringen. Obendrein tauchen Vögel, die nicht eigentlich zu den Zugvögeln zählen oder sich noch gar nicht auf dem Wegzug ein Winterquartier befinden, plötzlich einmal unvermutet auf, etwa ein **Buntspecht** in den Alleebäumen oder einige **Eichelhäher** oder **Tannenmeisen** mitten in der Stadt.

In Park und Wald

Die Beerenernte unter den Vögeln hält weiter an. Im September reifen die Früchte der Eberesche, die als Vogelbeeren sprichwörtliche Vogelnahrung sind. Und das zum Nutzen der Pflanze, die auf »Verdauungsverbreitung« setzt. Die Samen sind erst nach längerer Feuchtigkeitseinlagerung keimfähig, d. h. nach dem Durchlaufen durch einen Vogeldarm. Vor allem Drosseln ernten an manchem Baum innerhalb einer einzigen Woche so intensiv, dass die Scheibendolden der leuchtend roten Beeren schon bald wieder verschwunden sind. Regelmäßig kommen **Amseln** und reißen die Beeren ab, doch **Singdrosseln, Wacholderdrosseln** und **Misteldrosseln** sind mit von der Partie. Manchmal kann man 2–3 Drosselarten gleichzeitig an einem Baum sehen. Auch **Grünfinken** und vor allem **Gimpel** interessieren sich für das Angebot; mit Glück kann man auch einen **Kernbeißer** treffen. **Feldsperlinge** versuchen sich ebenfalls an den Beeren, Haussperlinge ernten nicht im Wald, aber vielleicht nahe an Häusern im Park Ebereschenbeeren. **Rabenkrähe, Elstern** oder **Eichelhäher** schauen auch vorbei. Sie haben allerdings Mühe, sich auf den dünnen Ästen zu halten, und beschränken sich daher mehr auf die am Boden liegenden Früchte. Anders Meisen: Sie versuchen die Beeren aufzuhacken, um an die Samen zu kommen, und drücken dabei eine Frucht mit dem Fuß auf eine feste Unterlage. Auch kleineren Gästen von den Holundersträuchern im September begegnen wir wieder. Aber selbst die größten von ihnen, **Mönchs-** und **Gartengrasmücke**, haben Mühe, eine Frucht ganz hinunterzuwürgen. Für kleinere Grasmücken oder gar Laubsänger sind sie einfach zu groß. Die Liste der gelegentlichen Gäste lässt sich noch erweitern, Rotschwänze oder Rotkehlchen können ebenso dabei sein wie etwa Stare oder auch einmal ein Buntspecht.

Wenn man sich im Wald ein wenig umsieht, sollte man auch gleich einmal darauf achten, was aus den sommerlichen **Fichtenkreuzschnäbeln** geworden ist. Vielleicht hört man das hohe »gipgipgip ...« über den Wipfeln der Fichten, und dann ist es auch möglich, die gedrungenen Vögel mit den dicken Köpfen an den Zweigen herumturnen zu sehen. Rote Männchen wie im Vogelführer abgebildet sind meist selten dabei, aber das ganze Jahr über zu sehen. Manche tragen jetzt auch gelbliche Federn, bevor sie das Prachtkleid anlegen. Jungvögel sind gefleckt und betteln oft noch Wochen, nachdem sie das Nest verlassen haben, die Altvögel an. Das ganze Jahr über kann man Jungen begegnen, da die Brutzeiten der nomadischen Vögel übers Jahr verteilt sind. Andere Finkenvögel kommen der reifenden Früchte und Samen wegen in den Wald. Ihre Zeit steht noch bevor, aber man kann schon einmal Birkengruppen, Buchenbestände oder Ahornbäume inspizieren, ob sie gut Früchte tragen. In Bruchwäldern könnten aufmerksame Kontrollen schon erste Einflüge von Erlenzeisigen und Birkenzeisigen feststellen.

Einen ganzjährigen Waldbewohner sieht man zumindest in manchen Jahren um dieser Zeit häufiger als sonst im Jahr: **Eichelhäher** geraten auffallend oft ins Blickfeld. Für sie beginnt ab Anfang September die Wanderzeit, in manchen Jahren findet in vielen Gebieten ein auffälliger Zug statt, der sogar den Charakter von Invasionen annehmen kann. Kleine Gruppen oder einzelne Vögel fliegen mit unruhigen, etwas flachen und vor allem recht unregelmäßig wirkenden Flügelschläge in eine bestimmte Richtung, oft mit längeren Pausen. Nicht in jedem Jahr hat man

Tipps

- Vor allem in den Morgenstunden **Durchzügler** in Büschen und Bäumen.
- Vogelschwärme auf Feldern und Wiesen.
- **Herbstgesänge** von Rotkehlchen, Hausrotschwanz und Zilpzalp.

Herausforderungen des Monats:

1. Herbstbote Erlenzeisig
2. Vögel an Vogelbeeren
3. Transportflüge der Eichelhäher
4. Durchzügler am Wasser

Im Herbst sammeln Eichelhäher Eicheln und vergraben sie als Wintervorrat.

den Anblick ziehender Eichelhäher, in manchen Jahren fällt der Durchzug ganz aus, in anderen ziehen Hunderte, an den Küsten (vor allem Ostsee) an einem Tag auch Tausende. Sicher haben Züge und Invasionen der Häher wie bei anderen Invasionsvögeln etwas mit der Menge des Nachwuchses im vorausgegangenen Sommer und dem Nahrungsangebot nach der Brutzeit zu tun. Nicht alle Eichelhäher, die unbeirrt in eine Richtung fliegen, sind jedoch Zugvögel. Die Zeit des Vorratssammelns für den Winter hat begonnen, noch bevor die Eicheln am Baum richtig reif geworden sind. An den Bäumen zwicken die Vögel die Eichel ab oder ziehen sie aus dem aufgezwickten Becher heraus und schlucken sie in den Kropf. Mit vollen Kröpfen fliegen sie dann bis mehrere Kilometer weit, um die Eicheln einzeln in Erdlöcher zu vergraben, die mit Schnabelhieben aufgehackt werden. Viele dieser Verstecke finden die Vögel wieder, im Winter auch unter Schnee. Aber einige werden auch übersehen, und das ist die Chance der Eiche, deren verfrachtete Samen dann auskeimen. Der Beitrag des Eichelhähers zur Verbreitung der Eiche scheint beachtlich zu sein. Als Wintervorräte tragen die Vögel aber auch Haselnüsse oder Bucheckern ein. Sie arbeiten also ganz ähnlich wie die Tannenhäher in den Alpendörfern.

Auf Wiese und Feld

Vielen Vogelschwärmen begegnet man jetzt. Wenn es sich um Kleinvogeltrupps handelt, ist ein geschultes Ohr gefragt. Denn ob da ein Trupp Bluthänflinge, Goldammern oder Feldsperlinge aufstiebt, ist zunächst meistens an den Rufen zu erkennen. Schnell haben die kleinen Vögel größere Entfernungen hinter sich gebracht, oder sie sind in einem Busch oder im hohem Gras verschwunden. Eine alte Regel des Vogelbeobachtens kommt da zum Zug: Vögel in Schwärmen haben meistens eine höhere Fluchtdistanz als Einzeltiere. Denn irgendein besonders aufgeregter oder wachsamer Vogel ist in jedem Trupp sicher dabei, der die anderen dann mitreißt.
Feldlerchen sitzen oft in kleineren lockeren Trupps am Boden. Wenn sie auf einer Brachfläche oder einem kahlen Acker nach Nahrung suchen, hat man vielleicht Gelegenheit, sich die Vögel, die sonst immer nur singend hoch über unseren Köpfen wahrgenommen werden, etwas genauer anzusehen. Noch manche weiteren bescheiden gefärbten Kleinvögel gibt es auf dem Boden zu sehen, etwa einen durchziehenden **Baumpieper** oder einen kleinen Trupp **Wiesenpieper**. Eines der letzten **Braunkehlchen** sitzt auf einer Leitung, der

weiße Fleck des von einer Scholle fliegenden **Steinschmätzers** leuchtet auf, natürlich auch ein Vogel im Schlichtkleid, und **Schafstelzen**, viel weniger prächtig gelb als im Frühsommer, rennen geschäftig herum.
Die **Staren-**Schwärme auf den Weiden scheinen zugenommen zu haben. **Wacholderdrosseln** fliegen vom Waldrand oder Feldgehölz auf die Wiese, auch **Sing-** oder **Misteldrosseln** sitzen auf dem Boden, und irgendwo fliegt ein mächtiger Schwarm **Ringeltauben** auf. Man begegnet vielen Vögeln, die man schon aus anderen Lebensräumen kennt, die aber doch irgendwie neu sind in ungewohnter Umgebung. Das Bild ändert sich oft von Tag zu Tag, und an den ersten kühlen, schon ein wenig unfreundlichen Herbsttagen kann ein Spaziergang besonders anregend sein.

Am Wasser

Die Stockerpel haben wieder ihr Prachtkleid angelegt, einige sind aber noch braunscheckig. Und wenn man genau hinsieht, merkt man, dass viele Stockenten bereits paarweise schwimmen. Die meisten Weibchen sind schon verpaart. Bei anderen Enten ist es noch nicht so weit. **Tafel-** und **Reiherenten** tragen noch das Schlichtkeid, die Männchen sind aber gut zu erkennen. Bei den Tafelerpeln sind die Schlichtkleider nur etwas matter gefärbt als die Prachtkleider. Die Reihererpel tragen jetzt zwar keine weißen Flanken, sind aber deutlich dunkler an Kopf und Hals als die Weibchen; der kleine Reiherschopf ist meist nur angedeutet. Zum Bestimmen der Schlichtkleidenten auf größere Entfernung leistet ein Fernrohr gute Dienste.

Auf dem Herbstzug sind Baumpieper nicht leicht zu entdecken; man muss auf ihre Rufe achten.

Schlichtkleider und Jungendkleider bestimmen das Bild der meisten Schwimmvögel. Immer noch gibt es junge **Blässhühner** mit weißem Vorderhals. Bei den **Teichhühnern**, die man am besten auf Parkteichen beobachtet, da sie am großen See draußen oder im Flussaltwasser sehr viel versteckter leben, schwimmen und laufen am Ufer auch braune Vögel ohne rotes Stirnschild und gelbe Schnabelspitze herum. Das sind die Jungvögel des Jahres. Von Figur und Verhalten her sind sie aber auf den ersten Blick als Teichhühner zu erkennen.
Auf Gewässern in der Stadt kann man bereits einen kleinen Einblick in die Wanderungen der Wasservögel erhalten. Da sind etwa einige kleine, kaum faustgroße braune Taucher auf dem Parksee oder einem ruhigen Altwasser, die allerdings nicht an die Fütterungen kommen, sondern lieber draußen auf dem offenen Wasser bleiben. **Zwergtaucher** werden, wenn die Stadtgewässer nicht vereisen, den ganzen Winter über als Gäste zu beobachten sein. Keine Wintergäste, sondern nur auf dem Durchzug sind die etwas größeren und wesentlich selteneren **Schwarzhalstaucher,** die jetzt im Frühherbst das Schlichtkleid tragen und ganz anders aussehen als die prächtigen Vögel im Frühjahr. Sie sind jetzt nur schwarz-weiß, die schwarze Kappe des Oberkopfes reicht bis über das Auge herunter. Wie die Haubentaucher halten sich durchziehende Schwarzhalstaucher aber eher an die größeren Wasserflächen der Seen und Stauseen draußen vor der Stadt.
Bei den **Haubentauchern** ist auch einiges anders geworden. Die Altvögel haben ihre beiden Federhörner und die mächtige Halskrause verloren oder tragen nur noch Reste davon. Die Jungvögel sollten jetzt erwachsen sein, von einigen verspätet aufgewachsenen hört man vielleicht noch die hohen durchdringenden Bettelrufe über das Wasser schallen. Haubentaucher im fertigen Jugendkleid haben ihre Zebrastreifung abgelegt, nur noch ein paar dunkle Streifen im Gesicht erinnern daran. Auch dort, wo er nicht als Brutvogel vorkommt, kann man manchmal den **Rothalstaucher** entdecken, den 4. der heimischen Taucher. Aber mit Rot ist da kaum mehr etwas zu machen, nur Jungvögel des Jahres, kenntlich an Zebrastreifen im Gesicht, tragen einen rötlichen Hals. Die Altvögel im Schlichtkleid sehen jetzt aus wie etwas dunklere und vor allem viel gedrungenere Haubentaucher.
Auch wenn man von Wasservögeln schon etwas Ahnung hat, empfiehlt sich ganz besonders im Herbst, immer ein Bestimmungsbuch dabei zu haben, in dem mehrere Kleider einer Vogelart abgebildet sind. Denn zum einen begegnen uns bekannte Vögel mit neuem Aussehen, und zum anderen kommen neue Vogelarten vorbei. Die **Lachmöwen,** die jetzt schon allmählich um die bekannten Fütterungsstellen in der Stadt fliegen,

Schwarzhalstaucher im Schlichtkleid.

tragen nicht mehr die dunkle Kopfmaske des Sommers, sondern nur noch wenige dunkle Flecke in der Ohrgegend und um das Auge. Altvögel haben rote Beine. Bei Jungvögeln ist das Braun des Jungendkleides auf einige Spuren im Flügel reduziert, ihre Beine sind eher gelblichrosa.
Trauerseeschwalben, die wie im Frühjahr zu den regelmäßige Durchzüglern gehören, tragen jetzt im Herbst keine Trauer. Ihr Körper ist überwiegend weiß, Rücken und Oberflügel sind hellgrau, der Oberkopf weist eine dunkle Kappe auf. Man muss sich tatsächlich mit einem ganz neuen Vogel vertraut machten. Ähnlich wie die kleinen Trupps der Seeschwalben ziehen wohl auch einmal kleine Möwen mit gerundeten Flügelenden locker und elegant über der Wasseroberfläche hin und her. **Zwergmöwen** sind in den letzten Jahren als Gäste im Binnenland häufiger geworden. Die Jungvögel des Jahres tragen über beide Flügel ein dunkles Zickzackband. Die weißen oder hell silbergrauen Flügel der Altvögel sind auf der Unterseite dunkel mit einem weißen Hinterrand.
Ins große Blickfeld über dem See geraten sicher noch weitere Zugvögel, die eine kurze Rast einschalten. **Fischadler** sind ebenso wie **Wespenbussarde** auf dem Wegzug ins Winterquartier. **Rohrweihen** gaukeln am Ufer entlang, und auch der **Schwarzmilan** hält sich gern ans Wasser. Mancher Greifvogel kommt uns jetzt ins Glas, der den Sommer über nicht zu sehen war.
Gegen Ende des Monats macht sich für Wasservögel das Ende der Badesaison bemerkbar. Zwar bringen immer noch Windsurfer die wachsenden Rastscharen der Schwimmvögel durcheinander, aber wenn Ruhezonen eingerichtet sind, bleibt wenigstens ein gewisser Ausgleich. Kleinere Teiche oder Seen, die für den herbstlichen Sport nicht attraktiv sind, können eine ganz besondere Rolle spielen. **Schwarzstörche** z. B. halten sich mehr wie ihre weißen Verwandten während des Wegzuges an offenes Wasser und fischen auch in kleinen Teichen. Sie sind in Europa erfreulicherweise neuerdings häufiger geworden, und so ist es gar nicht so außergewöhnlich, wenn man heute auf dem Wegzug einigen der ehemals so seltenen Vögel begegnet. Die Jungvögel des Jahres haben noch einen graugrünen Schnabel und ebenso gefärbte Beine.
Auch viele kleinere Wasservögel sind am Ufer zu erwarten. Auf kleinen Schlammflächen oder im Seichtwasser sitzen einzelne **Bekassinen** oder laufen Grünschenkel oder Dunkler Wasserläufer. Bei großem Glück begegnet man selbst tief im Binnenland einigen **Alpenstrandläufern** oder **Sandregenpfeifern**. Zwischen ihnen rennen Bach- oder Schafstelzen und vielleicht auch schon einige **Bergpieper,** die als Wintergäste am Wasser im Tiefland bleiben.

Rohrweihe, Männchen.

Oktober

Wegzug in vollem Gang, erste Wintergäste kommen

Rotdrossel

Der Drang ins Winterquartier hat jetzt auch die Kurzstreckenzieher erfasst, die Europa nicht verlassen oder in Nordafrika überwintern. Die letzten Langstreckenzieher mit Zielen jenseits der Sahara sind noch nicht ganz verschwunden, werden sich aber im Lauf des Monats verabschieden. Für Gartenrotschwanz, Mehlschwalbe, Rauchschwalbe, Braunkehlchen und Schafstelze geht der Aufenthalt in höheren Breiten zu Ende. Nachzügler sind aber immer wieder zu erwarten. Sie haben jedoch keineswegs »den Anschluss verloren«, denn feste Reisegruppen gibt es bei den wenigsten Zugvögeln, und Junge ziehen bei vielen Arten ohnehin unabhängig von den Altvögeln. Das überzeugendste Beispiel ist der Kuckuck: Die Altvögel, die ja ihre von fremden Eltern aufgezogenen Jungen nie gesehen haben, brechen zwar gleichzeitig mit den Jungen schon etwa Anfang August auf, kümmern sich aber auch dann nicht um ihren Nachwuchs. Einzelne Jungkuckucke sind noch im September anzutreffen, ganz ausnahmsweise auch noch Anfang Oktober. Sie finden allein ihr Winterquartier.

Oktober bedeutet fast überall Drosselzug. In einer ruhigen Herbstnacht kann man Drosselrufe am Himmel hören, das kurze »zip« der Singdrosseln oder das »zieh« der Amseln. Wahrscheinlich handelt es sich meistens um nördliche und östliche Brutvögel, die durch Mitteleuropa wandern. Bei einer der herbstlichen Drossel ist das ganz sicher, da sie bei uns in der Regel nicht brütet: **Rotdrosseln** sind Brutvögel in Skandinavien und im nördlichen Osteuropa. Sie überwintern in West- und Südeuropa und auch in milden Gegenden bei uns. Vielleicht führen milde Winter in kommenden Jahren dazu, dass wir mehr Rotdrosseln im Winter in Mitteleuropa sehen können. Für die meisten Gegenden ist der Oktober der Rotdrosselmonat. Nachts hört man ihr leicht abfallendes »zieh« am Himmel, das ganz typisch ist und deutlich rauer klingt als der Ruf der Amsel. Untertags erreicht uns der Ruf aus Büschen und Bäumen im Garten und im Park, am Waldrand oder im Feldgehölz, und vielleicht sieht man die nordische Drossel, die noch etwas kleiner ist als die Singdrossel, unsere kleinste mitteleuropäische Drosselart, auf einer Wiese zusammen mit Wacholderdrosseln oder an den letzten Resten der geplünderten Vogelbeerbäume. Der markante Überaugenstreif ist ihr auffälligstes Kennzeichen, die roten Flanken sind nicht immer so deutlich zu sehen, wie man nach Abbildungen in Büchern meinen möchte. Wacholderdrosseln lassen sich oft in großen Schwärmen sehen. Da werden viele aus nördlichen und vor allem östlichen Gebieten kommen.

Mit den ersten **Bergfinken** aus Skandinavien hat sich ein richtiger Wintergast ganz unauffällig ab Anfang Oktober eingefunden. Meist sind die ersten Ankömmlinge nur an ihrem nasalen, leicht

nach oben gezogenen Ruf »djäi« festzumachen. Später kommen sie dann sicher auch an die Futterstellen. Wesentlich auffälliger ist das Eintreffen der nordischen Gänse, das man allerdings nur im Norden Deutschlands erleben kann. Spätherbst- oder Winterreisen in die Norddeutsche Tiefebene oder nach Holland zu Tausenden von Bläss-, Saat- oder Weißwangengänsen gehören zu den Höhepunkten des Vogeljahres.

Ums Haus und im Garten

Wo immer man die Möglichkeit hat, ist jetzt die Zeit, für den kommenden Winter und auch für das nächste Frühjahr etwas für die Vögel zu tun. Anleitungen für eine Futterstelle am Fenster oder im Garten ebenso wie für das Aufhängen von Nistkästen gibt es in Fülle, in Lokalzeitungen wie bei Vogelschutz- und Tierschutzvereinen. Und in vielen Gartenbüchern steht darüber auch etwas zu lesen. Doch obwohl so viel darüber geschrieben wurde und manche Ratschläge durchaus dem gesunden Menschenverstand entsprechen, sind auch zahlreiche falsche Vorstellungen erhalten geblieben. Und daran haben ängstliche und wohlmeinende Naturfreunde auch ein wenig Schuld. Mancher Unsinn hat sich erstaunlicherweise über Jahrzehnte gehalten, weil man über das Verhalten der Vögel zu wenig wusste und viele Autoren einfach von früheren abgeschrieben haben.
Was auch immer gegen das Vogelfüttern im Garten von Natur- und Vogelschutzverbänden gesagt werden mag, eine Futterstelle im Garten ist für jeden Naturfreund eine Quelle der Freude und Ort interessanter Beobachtungen. Nirgendwo sonst kann man in Ruhe wild lebenden Vögeln so nahe kommen und so viel über ihr Aussehen und Verhalten erfahren. Man lernt Meisen, Finken und Spatzen dabei erst richtig kennen. Wie sich immer mehr herausstellt, ist das Nahrungsangebot auch für alteingesessene gefiederte Stadtbewohner zu einer wichtigen Hilfe geworden. Spatzen nehmen in vielen Großstädten ab, weil sie nicht mehr genügend Nahrung finden. Die Zeit der Samenernte fällt für Ammern und Finken heute weitgehend aus, denn in der ausgeräumten Feldflur gibt es nichts mehr zu holen, in den kurzgeschorenen Gärten auch nicht. Spatzen an der Futterstelle – vor Jahrzehnten noch ein Ärgernis – sind daher heute willkommen. Die Zeiten sind leider vorbei, in denen wir uns um häufige »Allerweltsvögel« keine Sorgen zu machen brauchten. Futterstellen im Garten sind heute ein wichtiger Beitrag, einigen Vögel über Notzeiten zu helfen. Sie sind aber nur ein kleiner Ersatz für vieles, was verloren gegangen ist und – teils durch Unkenntnis – an Lebensraumqualität weiter vernichtet wird.
Auch wenn der Winter noch weit weg zu sein scheint, lohnt es sich, bereits jetzt die Vogelfütterung vorzubereiten und damit anzufangen. Man soll nicht erst, wie gut gemeinte Vorschläge meinen, Vögel nur bei Frost und Schnee füttern. Vögel sollten sich vielmehr schon vorher an einen Futterplatz gewöhnt haben, auch wenn sie noch nicht täglich kommen. Bei hartem Wetter können sie dann rasch auf die gemachten Erfahrungen zurückgreifen und müssen in knappen Zeiten dann nicht so viel Energie investieren, um nach Nahrung zu suchen.
Praktische Ratschläge zur Fütterung gibt es viele; sie sind jederzeit auf den Websites der Natur- und Vogelschutzvereine abzurufen oder als Merkblatt zu bekommen. Daher hier nur das Wich-

tigste in Kürze: Der Standort eines Futterhäuschens muss möglichst katzensicher und das Futter soll nicht ständig dem Wetter ausgesetzt sein. Am besten ist eine Art Silokonstruktion: eine abgeschrägte Wand oder ein schräg nach vorne und unten verlaufender Boden des Futterhäuschens sorgt dafür, dass vom eingefüllten Körnermischfutter je nach Bedarf immer etwas nachrutscht. Ab Herbst gibt es in Drogerie-, Bau- und Gartenmärkten Mischfutter für Gartenvögel in größeren Packungen, aus denen man immer nachfüllen kann. Besondere Futtermischungen mit Fett werden in Form von Meisenringen, Meisenknödel und kleinen Behältnissen angeboten, die man Baumzweigen oder auch vor dem Fenster oder auf dem Balkon aufhängen kann. Der eigenen Bastelaktivität sind bei der Einrichtung einer Futterstelle praktisch keine Grenzen gesetzt, Fachverbände verteilen auch Bastelanleitungen. Ähnliches gilt für Nistkästen. Von spezialisierten Firmen werden ganz unterschiedliche, aber sehr bewährte und langlebige Formen angeboten, die in der Regel aus Holzbeton sind. Dieses organische Material kennt keine Entsorgungs- und Recycling-Probleme. Die Nisthilfen sind, soweit möglich, den Ansprüchen verschiedener Arten angepasst und lassen sich leicht an Bäumen anbringen. Allerdings sind die meisten Modelle nicht ganz billig. Nistkästen kann man nach altbewährten Plänen auch selber bauen; Bastelpläne gibt es kostenlos bei vielen Gartenbau-, Tierschutz-, Vogelschutz- und Naturschutzvereinen. Mit dem Suchwort »Nistkästen« kann man Anleitungen und Ratschläge auch übers Internet erhalten und findet Zugang zu Angeboten von Fachfirmen. Der Oktober empfiehlt sich deshalb als Nistkastenmonat, weil manche Vögel Nistkästen bereits in den Wintermonaten als Übernachtungsquartier

Bereits im Herbst sollte man mit der Winterfütterung beginnen. Hier Berg- und Grünfinken.

benutzen und auch schon sehr früh im Herbst und Winter den zukünftigen Brutplatz wählen. Kohlmeisen z. B. übernachten regelmäßig in Nistkästen, aber auch Kleiber, Tannen- und Blaumeisen interessieren sich dafür. Empfohlen wird im Oktober bereits länger hängende Nistkästen zu reinigen. Das braucht man nicht so exakt wörtlich zu nehmen, denn organisches Material zerfällt dann schon bis zum nächsten Frühjahr. Auf keinen Fall ist den Kästen mit irgendwelchen Reinigungs- und Desinfektionsmitteln zu Leibe zu rücken. Bei der herbstlichen Kontrolle kann man aber Schäden beheben und eventuell vollgestopfte Innenräume leeren. Auf Sauberkeit nach menschlichen Wohnungsmaßstäben kommt es nicht an, sondern darauf, dass die Geräte wieder ihren Dienst erfüllen können.

In Park und Wald

Im Lauf des Monats wird das Laub spärlicher und die Sicht auf die Baumkronen wieder freier. Das ist die Zeit, in der man nach Spechten suchen kann. Auch die **Baumläufer** sind leichter zu sehen als im Sommer. Allerdings singen sie jetzt nicht, und die Artunterscheidung muss sich auf die Rufe stützen. Aufregend ist immer, wenn ein Trupp Drosseln irgendwo in den Bäumen oder vom Boden auffliegt. Die Masse werden **Wacholderdrosseln** ausmachen, aber Mistel- und Singdrosseln können auch dabei sein. Die Rufe verraten dann auch die erwarteten **Rotdrosseln,** auf die man an ganz unterschiedlichen Stellen treffen kann. Drosselschwärme im Herbst sind aber oft sehr unruhig und ausgesprochen scheu. Wenn einzelne Vögel auffliegen, folgen die anderen bald nach. Man muss sich ihnen also behutsam nähern oder erst einmal zu einer genaueren Inspektion stehen bleiben.

Waldbaumläufer

Auch die eben oder zumindest noch nicht lange eingetroffenen **Bergfinken** kann man an den verschiedensten Stellen hören und sehen, oft einzeln oder in artreinen Trupps, oft aber auch mit den jetzt ebenfalls zu Schwärmen neigenden **Buchfinken** vermischt. Die artverschiedenen Rufe geben dazu wichtige Hinweise. Besonders empfehlenswert auf der Suche nach den nordischen Finken sind ein Weg oder eine kleine Straße, wenn unmittelbar daneben Buchen stehen. Die heruntergefallenen Bucheckern oder aufgeplatzten Kapseln ziehen Buch- und Bergfinken, an und man kann die Vögel eifrig auf dem Boden herumlaufen sehen und in Ruhe durchmustern.

Im Fichtenwald ist das Ohr auf die hellen Flugrufe der **Fichtenkreuzschnäbel** eingestellt. Wenn vom Sommer her noch Trupps da sind, ist durchaus mit einer Brut im Winter oder Vorfrühling zu rechnen. Nester zu suchen ist sinnlos, aber vielleicht sind irgendwann einmal bettelnde Jungvögel zu hören, die in den Fichtenwipfeln von den Eltern gefüttert werden. Sonst sind nur Tannen- und Haubenmeisen zu hören, vielleicht auch mal das Wispern von **Goldhähnchen.** Es könnten immer noch Sommergoldhähnchen da sein, man muss also die kleinen Kerle finden, um sie anschauen zu können. In Büschen oder im Unterholz schnickert da und dort ein **Rotkehlchen. Heckenbraunellen** melden sich jetzt mit einem hohen und etwas gedehnten »zieht«. **Gimpel** kreuzen jetzt häufiger unseren Weg als etwa im Sommer, wenn sie sehr zurückgezogen leben. Im Herbst begegnet man auch eher einmal anderen scheuen und versteckt lebenden Waldbewohnern, weil sie jetzt weiter umherstreifen und unter Umständen auch noch die erwachsenen Jungvögel des Jahres da sind. Ein einzelner **Sperber** jagt vorbei, immer vor hohen, durchdringenden Warnrufen der Singvögel angekündigt, und bei großem Glück erblickt man die größere Ausgabe des kleinen Singvogeljägers, den **Habicht,** wenn er zwischen locker stehenden Bäumen der Lichtung durchstreicht oder vom Waldrand über die Wiese fliegt.

Fichtenkreuzschnäbel, im Bild ein Weibchen, sieht man meist nur sehr unregelmäßig.

Auf Wiese und Feld

Vogelschwärme bestimmen jetzt auch hier das Bild. Drosseln halten sich nicht nur an Büsche oder Bäume, sondern sind auch auf Wiesen und Weiden zu sehen. Wiederum wird man hauptsächlich **Wacholderdrosseln** begegnen. **Rotdrosseln** sind vielleicht auch dabei. **Staren-**Schwärme führen ihre exakten und überraschenden Flugmanöver aus. Dabei kann man sich auch gut im Vergleichen üben und Flugbild und Flugweise von Drossel und Star genauer registrieren. Mit ein wenig Übung erkennt man dann später auch bei schlechter Sicht oder im Gegenlicht, ohne einen einzelnen Vogel überhaupt genauer gesehen zu haben, sofort, worum es sich handelt. Selbst aus dem fahrenden Zug lassen sich Vogelschwärme aus Vögeln mittlerer Größe ansprechen.

Auch größere Vögel formieren sich jetzt zu großen Schwärmen. Taubenschwärme sind auch im Oktober noch auf Brachäckern, Weiden oder Kleeschlägen zu sehen. Neben den üblichen Haustauben in verschiedenen Färbungen handelt es sich wohl vor allem um **Ringeltauben**. Aber auch **Hohltauben** sind noch da. Doch das Bild bestimmen eigentlich Krähen. Am Spätnachmittag kann es sein, dass um Gehölze oder Waldstücke die Luft voller schwarzer Vögel ist. Tagsüber verteilen sie sich auf Äcker und kurzrasiges Grünland. Diese oft riesigen Krähenschwärme setzen sich in der Regel nicht aus einheimischen Brutvögeln zusammen. Die heiser krächzenden Stimmen lassen schon von weitem **Saatkrähen** erkennen,

Dohlen mischen sich im Herbst oft unter die großen Schwärme der Saatkrähen.

Kolkrabe

deren Rufe sich vom helleren und weniger rauen »krah« der Rabenkrähen deutlich unterscheiden. In den großen Schwärmen mischen sich Angehörige verschiedener Brutgebiete; die meisten dürften aus östlichen Ländern stammen. Unsere Brutvögel, die nur in manchen Gegenden größere Brutkolonien besiedeln, ziehen großenteils nach Südwesten ab. Die jetzt eingefallenen Schwärme bleiben wahrscheinlich den Winter über da. Zwischen den tiefen heiseren Rufen der Saatkrähen hört man oft das helle »kijak« der deutlich kleineren **Dohlen**. Beide Arten fliegen oft in gemischten Schwärmen. Abends versammeln sich Saatkrähen gemeinsam mit Dohlen an Schlafplätzen, in denen mitunter Tausende zusammenkommen. Wenn am Nachmittag kleinere Trupps immer in eine Richtung fliegen, handelt es sich um die täglichen Schlafplatzflüge. Die Schwärme der das ganze Jahr über anwesenden **Rabenkrähen** sind meist sehr viel kleiner. Aber auch bei ihnen lässt sich oft ein täglicher Schlafplatzzug beobachten. Im Nordosten sind statt der Rabenkrähen, aber auch neben ihnen **Nebelkrähen** zu sehen. Offenbar als Folge häufigerer milder Winter kommen sie heute viel seltener ab Herbst in den Westen und Süden, sind aber immer wieder einmal einzeln zu entdecken. Manchmal ist bei dunklen Vögeln die Nebelkrähenfärbung gewissermaßen nur verdeckt zu erkennen. Da kann es sich dann um Bastarde der beiden sehr nah verwandten Arten handeln. Etwas häufiger als noch vor etwa 30 Jahren hört man den sonoren Ruf des **Kolkraben** über Wiesen und Weiden, vor allem auch wieder in den Tiefländern im Norden, nicht nur auf den Wiesen des Alpenvorlandes. Der größte Singvogel der Welt, verfolgt und verteufelt, hat nach besserem Schutz wieder zugenommen.

Am Wasser

Draußen am See, aber auch am Parkteich, tauchen neue Vogelgestalten auf. Noch lange nicht alle Enten tragen schon das Prachtkleid. Vor allem bei Neuankömmlingen wird man genauer hinsehen müssen. Die **Krickenten** als kleinste sind leicht auszusondern, **Pfeif-, Spieß-** und **Schnatterenten** muss man etwas größere Aufmerksamkeit widmen. Auch bei nur wenig Übung geben aber Körperproportionen, Kopfform und einige untrügliche Merkmale wie der Flügelspiegel auch bei Weibchen und noch reinen Schlichtkleidvögeln im Vergleich zur Stockente genügend Anhaltspunkte für eine Bestimmung. Etwas später, etwa ab November, werden dann die Prachtkleider der Erpel für ein buntes Bild unter den Enten sorgen. Einige sind auch Wintergäste, die sich noch länger beobachten lassen.

Spätestens jetzt ist fast an allen Gewässern der Vogel zu sehen, über den in den letzten Jahren am meisten geredet und geschrieben wurde: **Kormorane** haben sich in Europa aus verschiedenen Gründen sehr stark vermehrt und gelten heute wie schon vor rund 150 Jahren wieder einmal als Schädling und Naturzerstörer Nummer eins. Selbst in ausgewiesenen Naturschutzgebieten zerschoss man ihre Brutkolonien mit den Jungen im Nest rücksichtslos. Das Kormoran«problem« ist aber nicht so einfach zu lösen, weil ganz unterschiedliche Einflüsse für die Bestandsentwicklung eine Rolle spielen. Auch dort, wo sie nicht brüten, sind Kormorane heute regelmäßig zu sehen, an Seen, Teichen, aber auch Flüssen, selbst mitten in der Stadt. Im Herbst sind ihre Zahlen am größten, im Winter wandern einige noch weiter nach Südwesten. Neben den schwarzen Altvögeln mit weißem Gesicht begegnet man brauneren Jungvögeln des Jahres und oft auch einigen im Jungendkleid mit weißem oder hellem Bauch.

Kormorane haben in den letzten Jahrzehnten zugenommen und wurden teilweise rücksichtslos als Fischereischädlinge »bekämpft«.

Tipps

- **Zugvögel** reisen ab, ungewöhnliche Begegnungen sind zu erwarten.
- Mehrere Arten **Rabenvögel.**
- Die **ersten Wintergäste** kommen.
- **Neue Schwimmvögel** auf dem Wasser.

Herausforderungen des Monats:

1. Bergfinken und Rotdrosseln sind da
2. Futterstelle einrichten
3. Nistkästen aufhängen und kontrollieren

November

Graue Tage haben auch ihren Reiz

Saatkrähen

In manchen Gegenden Deutschlands kann der November mit einem Paukenschlag beginnen, oft verabschiedet sich auch der Oktober damit. In einem großen Keil ziehen **Kraniche** übers Haus, deren gurrende Rufe man oft schon vom weitem hören kann. Das eindrucksvolle Schauspiel findet in jedem Jahr statt. Allerdings kommen nicht alle Vogelfreunde in den Genuss des Kranichzuges, denn die Vögel bewegen sich nur auf einer etwa 200–300 km breiten Schneise durch Deutschland. Hauptdurchzugsgebiet ist zunächst die Ostseeküste bis zu einer Linie etwa von Lübeck bis Antwerpen im Nordwesten. Die südliche Grenze verläuft ungefähr von Frankfurt/Oder vorbei an Leipzig über den mittleren Thüringer Wald und das Untermaingebiet. In Süddeutschland und im äußersten Nordwesten liegt man also im »Zugschatten« und kann an diesem Schauspiel nicht teilnehmen. Erfreulicherweise haben aber die Brutbestände des Kranichs in Deutschland und Polen zugenommen, und auch verschiedene kleinere Neuansiedlungen gibt es in Europa. Daher kommt es zunehmend häufiger vor, dass auch einmal außerhalb des Kranichkorridors einige der eindrucksvollen Vögel auftauchen, meist allerdings im Frühjahr.

Doch nicht alles, was groß und stattlich oder in geordneter Flugformation über den Häusern zu sehen ist, hat mit Kranichen oder weit gereisten Zugvögeln zu tun. Halbwilde Graugänse, wie sie heute in vielen Städten an Parkseen und Teichen leben, ordnen sich auch zu eindrucksvollen Keilen oder Reihen an. Ebenso die langhalsigen und größeren Kanadagänse, die von verwildertem Parkgeflügel abstammen. Aber auch die täglich von draußen an die Fütterungsplätze der Stadt kommenden Lachmöwen fliegen oft in weiten Linien oder Keilen. Große, langbeinige und grauer Vögel sind Graureiher, die ebenfalls gelegentlich übers Haus kommen.

Mit der Novemberkälte und vor allem zunehmend längeren Nächten, die auch schon Nachtfröste bringen, ziehen manche Vögel in die Stadt, wegen der etwas milderen Temperaturen und vor allem wegen des günstigeren Nahrungsangebots. Solche Wintergäste gibt es in großer Zahl. Von November bis in den März hinein drängeln sich Lachmöwen nicht nur an den traditionellen Fütterungsstellen, sondern kommen sogar auch an die Fenster der Häuser in der Nähe des Flusses, um sich ausgelegtes Futter zu holen.

Auch die **Saatkrähen** haben seit einiger Zeit die Stadt erobert. Sie spazieren auf Rasenstücken, sitzen auf unbelaubten Alleebäumen und sind besonders treue Besucher innerstädtischer Friedhöfe. Selbst zwischen Geleisen der Rangierbahnhöfe oder wie Straßentauben auf Bahnhofseinfahrten, auf Sportplätzen oder sogar in kleinen Hinterhöfen suchen sie regelmäßig nach Nahrung. Dohlen sind auch oft dabei, wie schon im

Oktober draußen auf den Wiesen und Feldern. Die vielen Saatkrähen in der Stadt nähren natürlich bei manchen Leuten die Meinung, Krähen hätten stark zugenommen. Doch es handelt sich nur um Wintergäste, die übrigens wie die Möwen jeden Tag die Stadt wieder verlassen. Je nach Tageshelligkeit sieht man die Vögel einzeln oder in großen Schwärmen in einheitlicher Richtung zu ihren Schlafplätzen außerhalb oder am Rand der Stadt fliegen. Man kann beim Abzählen dann eine Ahnung davon bekommen, wie viele der schwarzen Gäste es sind und ob sich ihre Zahl im Lauf des kommenden Winters verändert.

Ums Haus und im Garten

Wer die Futterstelle schon eingerichtet und bestückt hat, darf allmählich mit den ersten Gästen rechnen. Es kann aber auch sein, dass sich lange nichts tut. Die Frage, warum einmal viele und dann wieder überhaupt keine Vögel an die Futterstelle kommen, wird oft gestellt, ist aber ohne genaue Kenntnis der Situation nicht zu beantworten. Vögel sind in ihrer Wahl frei und lassen sich durch viele Umstände beeinflussen. Der Zufall spielt oft eine entscheidende Rolle. Zufällig wurden vielleicht andere Futterplätze entdeckt, die dann gewohnheitsmäßig angeflogen werden. Vielleicht ist aber in der Umgebung noch ausreichend Nahrung vorhanden, möglicherweise sind wirklich einmal weniger Vögel in der Umgebung und die meisten irgendwo hingeflogen. Zufällig kann aber auch unser Platz entdeckt worden sein, und wir bemerken bei genauem Hinsehen an kleinen Merkmalen, dass tatsächlich immer dieselben Individuen mit bei den Futtergästen sind, also persönliche Erfahrungen ins Gewicht fallen.

Welche Vogelarten an die Fütterung kommen, hängt von der Vogelwelt der weiteren Umgebung ab, von der unmittelbaren Umgebung des Futterplatzes und vom angebotenen Futter. Erstaunlich viele Arten halten sich an Körner und Samen, für andere ist vor allem fetthaltiges Futtergemisch oder weicheres Futter wie etwa Haferflocken wichtig. Rezepte kann man sich von Fachverbänden geben lassen.

Zu den treuesten Futtergästen dürften Grünfinken und Spatzen zählen. Auch Kohl- und Sumpfmeisen gehen ans Körnerfutter, wenn Spatzen und Finken sich nicht gerade besonders breit machen. Am Futterhäuschen herrschen strenge Regeln, und der Stärkere hat im Allgemeinen die bessere Position. Manche kommen auch nur, um sich ein Korn zu holen, mit dem sie dann rasch wieder wegfliegen. Das Korn wird irgendwo in Sicherheit aufgehackt und verzehrt oder aber abgelegt. Bei mehrmaligen Besuchen entsteht dann ein kleines Vorratslager. Sumpfmeisen machen es manchmal so und wohl auch der Kleiber. An den Meisenknödeln kann man im Lauf der Zeit Kohl-, Blau-, Sumpf- und Tannenmeisen hängen sehen, vielleicht kommen später im Winter auch einmal Schwanzmeisen. Am Boden interessieren sich vor allem Buch- und später wohl auch Bergfinken für heruntergefallene Körner, die auch Haussperlinge gerne aufnehmen. Und dann huscht eventuell auch einmal ein Rotkehlchen aus dem Busch, vor allem wenn Weichfutter da liegt, und auch Zaunkönig und Heckenbraunelle machen einen Versuch. Besonders attraktiv wirken Apfelstücke oder anderes altes Obst. Amsel, Wacholderdrossel und Rotkehlchen interessieren sich dafür, und wenn man im Oktober mit der Fütterung begonnen hat, stattet vielleicht noch eine Mönchsgrasmücke der Obstschale einen Besuch ab.

Bäume in der Umgebung, kleine Grünflächen und einige Büsche ums Haus können in einem Winterhalbjahr 12–15 Vogelarten an die Futterstelle bringen, darunter als Überraschung vielleicht auch einmal einen Buntspecht oder einige Kernbeißer. Im November tauchen möglicherweise ums Haus auch noch einige etwas verloren wirkende Zugvögel auf, etwa ein einzelner Hausrotschwanz oder im Busch ein Zilpzalp. Ihnen können wir mit unserer Fütterung kaum helfen. Aber einige solche Kurzstreckenzieher schlagen sich offenbar bei uns durch den Winter, denn die Zahl der Überwinterungsversuche nimmt zu. Unter Umständen ein Hinweis auf die Folgen der schon eingetretenen Klimaerwärmung

Im Herbst sind Buchfinkenmännchen deutlich weniger bunt gefärbt als im Frühjahr.

In Park und Wald

Nicht wirklich Neues ist zu erwarten, aber vielleicht manche Vogelarten, die man das Jahr über bisher noch nicht richtig beobachten konnte und jetzt gut sehen kann. Es sind weniger Arten da, daher kann man sich auf Einzelne besser konzentrieren. Jetzt ist z. B. Gelegenheit für Beobachtungen von **Grünspecht** und **Grauspecht**. In Auwäldern, Gehölzen oder großen Gärten und Obstanlagen könnte man zudem einem der zwar überall vorkommenden, aber stets nicht häufigen **Kleinspechte** begegnen. Die Schwärme der **Erlenzeisige** sind größer geworden, sie halten sich nach wie vor gerne an Birken. Vielleicht sind auch **Birkenzeisige** eingetroffen, die mit ihrem charakteristischem »dschedsched« herumfliegen und daran sicher zu erkennen sind, auch wenn man nichts anderes sieht als ein paar winzige Vogel, die in fast schwirrendem Flug in eine Baumkrone einfallen. Birkenzeisige können in manchen Wintern nordische Wintergäste sein. Etwas kleinere und vor allem braunere Vögel kommen aus Mitteleuropa. Hier brüten sie nahe der Baumgrenze in Bergwäldern, aber neuerdings auch in manchen Gärten und sogar auf Nordseeinseln. **Bergfinken** und **Buchfinken** interessieren sich nach wie vor für Bucheckern. Drosseln, aber auch **Rotkehlchen, Heckenbraunellen** und **Zaunkönige** sind weniger geworden, denn viele ziehen noch im Spätherbst ab, und manche kommen in die Stadt mit günstigerem Winterklima. Auch Drosseln sind großenteils ab- oder weitergezogen, **Singdrosseln** jetzt wohl höchstens noch vereinzelt da. Wacholderdrosseln trifft man dagegen

auch im Winter noch, allerdings meist in geringerer Zahl als im Herbst.
Auch im November singen Vögel. Wenn es dunkel wird, kann man den Reviergesang des **Waldkauzes** hören, der jetzt im Herbst, aber auch im zeitigen Frühjahr vorgetragen wird. Bruchteile der Waldkauzstrophe werden seit Jahrzehnten in Szenen von Kriminalfilmen geschnitten, wenn sie in der Nacht spielen, egal wo und zu welcher Jahreszeit. Das klangschöne Heulen ist damit zum Eulenruf schlechthin geworden, der schauerlich oder unheimlich, in Wirklichkeit aber sehr stimmungsvoll klingt. Weibchen rufen laut und schrill »kuit«, was man früher als »komm mit« des Totenvogels interpretierte. Waldkäuze singen im Hochwald, in größeren Gehölzen, aber auch in Parks und können auch in großen Gärten mitunter zu hören sein.

Waldkauz

Auf Wiese und Feld

Ein grauer Novembertag scheint nicht sehr verheißungsvoll. Aber wenn es noch keine Frostnächte gegeben hat, steht auf der kurzrasigen Weide im Herbstnebel vielleicht ein Trupp **Kiebitze.** Beim genauen Durchmustern sind darunter etwas kleinere, rundköpfige Vögel mehr oder minder nur als Silhouetten zu erkennen. Auch wenn man keine Farben sieht, die jetzt in der Schlichtkleidzeit ohnehin nicht allzu viel aussagen, deutet alles auf **Goldregenpfeifer,** die sehr oft auf Grünland rasten und noch bis Anfang Dezember bleiben können. Vor allem in den Ebenen Norddeutschlands tauchen Goldregenpfeifer regelmäßig als Durchzügler aus dem Norden oft in stattlichen Scharen auf. Sie sind aber auch bis an den Alpenrand auf geeigneten kurzrasigen Grünlandflächen zu entdecken, allerdings meist in kleineren Zahlen.
Zu den Bodenvögeln der Ackerlandschaft zählt seit alters das **Rebhuhn.** Heute ist es ausgesprochen selten geworden, in manchen Gebiet ganz verschwunden. Wenn einem eine Familie (»Kette«) über den Weg läuft, ist das daher durchaus ein bemerkenswertes Herbsterlebnis. Sonst sieht man einzelne Fasanenhennen und mitunter auch einmal einen farbenprächtigen Gockel. Kleinvögel sind, ohne Lautäußerungen zu hören, im Morgendunst kaum zu bestimmen. Vielleicht hat man bei besserem Licht gegen Mittag noch Gelegenheit dazu. Einige Feldlerchen sind sicher noch da, die mit feinem »ist ist« auffliegenden Kleinvögel sind **Wiesenpieper.**

An Greifvögeln gibt es einzelne **Mäusebussarde** zu sehen, die auf Pfosten von Weidezäunen oder auf dem First einer Feldscheune sitzen, gelegentlich einmal niedrig abstreichen, um sich dann auf einer neuen Ansitzwarte niederzulassen. Für Segel- und Gleitflug in großer Höhe fehlen jetzt die Thermiken, und da ist das energiesparende geduldige Warten auf dem Ansitz wohl die bessere Option für die Jagd. Auch **Turmfalken** versuchen es offensichtlich mit dieser Technik, denn man sieht kaum mehr welche rütteln. Diesen Aufwand an Energie vermeiden sie in kalten Jahreszeiten, in denen es ja auch keine Brut mehr zu versorgen gibt, tunlichst. Doch da gleitet auf schlanken, etwas V-förmig nach oben gehaltenen Flügeln eine braune Weihe vorbei. Zu dieser Jahreszeit kann es sich nur um eine **Kornweihe** handeln, die im braunen Weibchenkleid zum Verwechseln ähnliche Wiesenweihe ist längst abgezogen. Kornweihen erscheinen dagegen in manchen Wiesenlandschaften und Mooren als Wintergäste, oft suchen sie gegen Abend zu mehreren gemeinsame Schlafplätze auf.

Kornweihen, hier ein Weibchen, sind in manchen Gebieten regelmäßige Wintergäste in kleiner Zahl.

Am Wasser

Selbst mitten in der Stadt kann es sich lohnen, mit dem Fernglas die Ufer und Kiesbänke am Fluss sorgfältig abzusuchen. Zumindest im mittleren und südlichen Deutschland laufen mit wippendem, langem Schwanz **Gebirgsstelzen** herum, die einzeln dann auch den ganzen Winter über zu sehen sind. Jetzt ist es Zeit, die **Wasseramsel** ausführlich zu beobachten, den einzigen Singvogel, der auch tauchen kann. Dabei sind die Vogelfreunde südlich der Norddeutschen Tiefebene bevorzugt, in Norddeutschland sind Wasseramseln nämlich eine ausgesprochene Seltenheit, doch kommen manchmal auch skandinavische Brutvögel im Winter an die deutschen Küsten. Der rundliche Vogel mit dem weißen Brustlatz sitzt knicksend auf einem Stein oder auf einer Wehrmauer, um dann mit schnellen Flügelschlag niedrig über das Wasser abzufliegend. Wasseramseln können sich aus dem Flug ins Wasser stürzen, oft laufen sie auch von einem Stein oder vom Ufer aus einfach hinein. Wasserlebenden Insektenlarven, z. B. von Köcherfliegen, bilden ihre Hauptnahrung.

Die Wasseramsel ist der einzige Singvogel, der tauchen kann. Auch im Winter sieht man den rundlichen Vogel an fließendem Wasser.

Aus hochgelegenen Brutgebieten erscheinen im Tiefland als Wintergäste **Bergpieper,** unscheinbar düster gefärbte kleine Vögel, die mit scharfem »whist whist« am Wasser entlangfliegen und wie die Stelzen schnell laufend am Ufersaum nach Nahrung suchen. Vor allem im südlichen und mittleren Deutschland kommen die Vögel regelmäßig an Flussufer auch mitten in der Stadt. In Norddeutschland ist die Art ebenfalls an vielen Stellen zu sehen, auch wenn es keine Gebirge und Berge gibt. In manchen Gegenden ist man sogar erst in neuerer Zeit auf den im Winter unscheinbaren Bergpieper aufmerksam geworden. An der Küste und in Küstennähe wird er häufig durch den sehr ähnlichen und nah verwandten **Strandpieper** ersetzt.

Auf Seen und Teichen tut sich jetzt allgemein viel. Fast überall sind die Ententrupps größer geworden. Jetzt tragen so gut wie alle Gründelenten das Prachtkleid, und bei etwas Glück präsentieren sich Krickenten, Spießenten und Pfeifenten in überraschender Farbenpracht. Tauchenten sind oft noch nicht ganz so weit, doch leuchten schon wieder die weißen Flanken der Reiherenten; die silbergrauen Rücken der Tafelerpel bieten einen geradezu edlen farblichen Kontrast zu den kastanienbraunen Köpfen.

Neue Gestalten unter den Schwimmvögeln sind auch tief im Binnenland zu erwarten. Neben den Kormoranen finden sich einzeln oder in sehr geringer Zahl noch andere Fischjäger ein. **Gänsesäger, Mittelsäger** sowie **Pracht-** und **Sterntaucher** haben wie Kormorane einen langgestreckten Körper, der beim Schwimmen meist tief im Wasser liegt. Auch der lange, je nach Art kräftige oder auch schlanke, mitunter beim Schwimmen etwas

schräg nach oben weisende Schnabel erinnert an die ungeliebten Fischjäger. Tauchen können alle 4 Arten vorzüglich. Gänse- und Mittelsäger sind große, schlanke fischjagende Enten. Männchen im Prachtkleid gibt es jetzt kaum zu sehen, sodass man nach langgestreckt im Wasser liegenden grauen Vögeln m t rotbraunen Köpfen Ausschau halten muss. Pracht- und Sterntaucher gehören zur Familie der Seetaucher, die bei uns nicht brüten, sondern nur als Wintergäste erscheinen, in neuerer Zeit offenbar im Binnenland regelmäßiger und häufiger. Meist sieht man sie aber nur einzeln und in kleiner Zahl. Probleme der Artbestimmung entstehen dadurch, dass jetzt nur grau-weiße und einander sehr ähnliche Schlichtkleider zu sehen sind und die Vögel meist in größerer Entfernung auf der offenen Wasserfläche schwimmen. Ein gutes Bestimmungsbuch hilft aber weiter.
An großen Gewässern könnte man jetzt auch bemerkenswerten Greifvögeln begegnen. Die mächtigen **Seeadler** erscheinen einzeln auch weitab von ihren Brutplätzen dort, wo sich Schwimmvögel konzentrieren, an manchen Gewässern sogar regelmäßig Jahr für Jahr. Doch auch andere Greifvögel nützen die Gelegenheit, in der vogelarmen Zeit ihre Jagdgründe ans Wasser zu verlegen; Jagende **Habichte** können die Ententrupps und Blässhühner gewaltig durcheinanderwirbeln, und **Wanderfalken** haben sich ebenfalls auf Wasservogeljagd verlegt. Fischadler und Rohrweihe sind jetzt verschwunden, schon lange auch der gern am Wasser jagende Baumfalke.
Auch im Schilf ist es still geworden. Einzelne **Rohrammern** melden sich noch mit einem deutlich zu hörenden »zie«. Man sieht nur Schlichtkleider, keine schwarzköpfigen Männchen. Rohrsänger haben sich längst verabschiedet, bestenfalls kann man noch einen verspäteten Teichrohrsänger aufspüren. Ihre Vorliebe für Schilf haben dagegen **Blaumeisen** entdeckt, die große Halme nach Nahrung absuchen.

Seeadler

Tipps

- > **Wintergäste** kommen in die Stadt: Saatkrähen, Dohlen, Lachmöwen, Wasservögel am Parkteich.
- > Vogelbesuche am **Futterhaus.**
- > **Kranichzug** zwischen Ostsee und Untermain.

Herausforderungen des Monats:

1. Am Fluss: Gebirgstelze, Bergpieper, Wasseramsel
2. Waldkauzgesang bei Dunkelheit
3. Seetaucher, Säger, Kormorane

Der erste Schneefall überrascht auch Vögel

Bergfinken

Meist ist es im Dezember noch nicht richtig Winter, auch wenn die Tage sehr kurz und die Nächte lang werden. Kalte lange Nächte zu überstehen stellt an Vögel besondere Anforderungen. Sie sind auch ein Grund dafür, dass manche Arten gemeinsame Schlafplätze aufsuchen und deshalb auch täglich eine längere Flugstrecke zurücklegen. Es geht dabei wohl nicht in erster Linie um Schutz vor Feinden, sondern um geschützte Plätze, in denen nicht so viel Energie abgestrahlt werden muss. Dicht bei dicht oder auch etwas lockerer sitzende Vogelscharen sorgen zusätzlich dafür, dass zumindest die Individuen im Inneren eines Schwarmes die Nacht über weniger Energie verlieren.

Wann der erste Wintereinbruch mit Schnee und Frost kommt, können auch Vögel nicht erahnen. So werden immer einige überrascht, wenn sich plötzlich der Winter meldet. Vogelschutzwarten und Pflegestationen für Vögel können ein Lied davon singen. Da werden etwa Haubentaucher eingeliefert, die mitten auf der Straße saßen und sich greifen ließen. Ihnen fehlt gar nichts, denn wenn man sie nach einer kleinen Reinigungspause ins Wasser setzt, schwimmen sie unversehrt davon. Ihr Fehler war, beim ersten Schneefall das dunkle Band der nassglänzenden Straße für einen Fluss zu halten, von dem aus sie nicht mehr starten konnten. Mit ihren weit hinten eingelenkten Füßen, hervorragende Antriebs- und Steuerelemente beim Schwimmen und Tauchen, tun sie sich auf festem Boden etwas schwer. Überraschend enthüllt der erste Schneefall auch immer wieder, wie viele Kiebitze, Bekassinen und Waldschnepfen Anfang bis Mitte Dezember noch im Land sind. Von der heimlich lebenden Waldschnepfe gibt es wohl in manchen Gebieten mehr Glasscheibenanflüge und erschöpft aufgegriffene Vögel jetzt bei einbrechendem Winter als man das ganze Jahr über sieht. Einzelne Zilpzalpe, Hausrotschwänze, Bachstelzen, aber auch in manchen Gegenden regelmäßig überwinternde Rotkehlchen, Zaunkönige und Heckenbraunellen erleben ihre ersten schweren Zeiten, wenn die Schneedecke ein paar Tage liegen bleibt.

Typischen Wintergästen machen plötzliche Wintereinbrüche offenbar wenig aus. Man kann aber auch nicht sagen, sie fühlten sich dabei ausgesprochen wohl. Die **Bergfinken** bekommen gegen Mittwinter oft noch Zuwachs. Das bedeutet, dass irgendwo viele ihre vorläufigen Aufenthaltsgebiete verlassen mussten. In Ausnahmejahren, die ganz unvorhergesehen registriert werden, kommen sogar gewaltige Mengen nach Mitteleuropa, die nach Millionen zählen. Wenn lokale Verkehrsmeldungen davon sprechen, das Nebenstraßen da und dort vorübergehend gesperrt werden müssen, weil Vogelschwärme die Sicht behindern, handelt es sich in aller Regel um Bergfinken. Sie konzentrieren sich auf die Straßenränder in

Buchenwaldgebieten, denn dort gibt es immer noch heruntergefallene Bucheckern, die für die großen Scharen eine hohe Bedeutung für das Überleben haben. Bei jedem sich nähernden Auto stieben dann Wolken hoch. Solche Masseneinflüge von Bergfinken sind nicht häufig und meist auch regional begrenzt. Mit ihnen ist aber immer wieder einmal zu rechnen. Die Vogelmenge bieten dann ein beeindruckendes Schauspiel, denn sie kann buchstäblich den Himmel verdunkeln.

Ums Haus und im Garten

Ist die Futterstelle schon längere Zeit in Betrieb, werden sich auch einige Gäste eingestellt haben, die fast täglich erscheinen. Die besuchenden Vogelarten sind längst erkannt, genaues Beobachten liefert aber dennoch viele neue Informationen.

Kohlmeise im Winter.

Da ist eine **Kohlmeise**, die sich Artgenossen gegenüber stets durchsetzt und auch gegen die wesentlich massigeren Grünfinken immer wieder einmal zum Zug kommt. Es stellt sich heraus, dass dieser Vogel einen sehr breiten schwarzen Unterseitenstreifen trägt, der sich am hinteren Ende noch zu einem schwarzen Bauchfleck verbreitert. Es handelt sich also um ein Männchen. Der schwarze Mittelstreif der Weibchen wird nach der Kehle deutlich schmaler und franst am Ende gegen das Gelb der Unterseite mehr oder minder deutlich aus.
Auch bei den **Blaumeisen** sehen die Geschlechter nicht genau gleich aus. Die Männchen sind etwas prächtiger blau an Kopf und Flügel. Ob sich die Vögel an solchen kleinen Unterschieden erkennen, ist sicher keine Frage, sonst gäbe es sie wohl nicht. Die Blaumeise führte aber bei einer wissenschaftlichen Untersuchung noch zu einer Überraschung: Wir sehen nämlich nicht alle Farben, die Vögel sehen. Im ultravioletten Wellenlängenbereich unterscheidet sich der für uns blaue Oberkopf zwischen Männchen und Weibchen ganz erheblich. Und so müssen wir annehmen, dass sich viele Vögel in ihren Augen anders sehen als wir sie mit unseren. Welche Farbeindrücke sie im Ultraviolettbereich haben, bleibt uns verschlossen.
Kommen **Bergfinken** im Dezember ans Futterhaus, sollten wir sie uns genau ansehen. Männchen und Weibchen wirken sehr ähnlich. Die Männchen fallen lediglich durch leuchtenderes und etwas ausgedehnteres Orangegelb an Brust und Schultern auf. Ihr Kopf ist auch etwas dunkler, und die hellgrauen Wangen der Weibchen sind bei den Männchen etwas mehr mit schwarzen Federn durchsetzt. Das wird sich gegen das Frühjahr zu ändern, wenn die Männchen das

Prachtkleid angelegt haben. Dann sind ihr Kopf und Vorderrücken nämlich tiefschwarz. Dazu ist keine Mauser erforderlich: Die jetzt noch deutlich zu sehenden grauen und bräunlichen Federspitzen nutzen sich ab, sodass die darunter liegenden schwarzen Federabschnitte, die zurzeit nur etwas hervorschimmern, voll sichtbar werden. Bei einigen Männchen deutet sich das jetzt schon an, und sie wirken besonders dunkel. Auch der Schnabel der Männchen wechselt die Farbe: Er ist im Dezember größtenteils gelblich mit einer schwarzen Spitze; im Frühjahr glänzt er einheitlich schwarz.

Die **Buchfinken** sind jetzt ebenfalls deutlich matter als im Frühjahr. Man kann die Männchen zwar als solche erkennen, doch fehlen ihnen der schmucke blaugraue Oberkopf und die schwarze Stirn. Die Unterseite ist viel weniger leuchtend rotbraun. Männchen scheinen aber sehr in der Überzahl zu sein, man sieht meist nur wenige Weibchen. Buchfinken sind bei uns wohl vor allem Teilzieher. Ein Teil der Vögel zieht ab, und das sind vor allem die Weibchen. Weiter im Norden war (und ist wohl auch heute noch) der Männchenanteil im Winter sehr viel höher, und das hat den Begründer der modernen Nomenklatur, den Schweden Carl von Linné, veranlasst, den Buchfinken mit dem wissenschaftlichen Artnamen *coelebs* zu versehen, weil er im Winter im »Zölibat« lebt. Wie sehr sich bei uns im Winter die Buchfinken ans Zölibat halten, kann man am Futterplatz gut kontrollieren.

Mitunter gibt es Alarm im Garten: Hohes, durchdringendes »zieh« aus vielen Vogelkehlen und schlagartige Flucht von der Futterstelle sind ein untrügliches Zeichen für den **Sperber,** der jetzt seine Jagd mitunter auch in den Garten verlegt. Vielleicht hält der kleine Singvogeljäger auch ein-

Im Herbst und Winter lässt sich im Garten auch gelegentlich ein Sperber sehen.

mal kurz inne und setzt sich auf einen Ast oder Zaunpfosten. Die kleineren Männchen sind oberseits bläulich grau und auf der Unterseite fein roströtlich gebändert. Die deutlich größeren Weibchen haben eine braungraue Oberseite und sind schwärzlich quer gebändert. Mit seinen relativ kurzen, breiten Flügeln und dem langen Schwanz kann der kleine Greifvogel geschickt zwischen Bäumen und Büschen manövrieren. Die Jagd zwischen den Häusern ist bei diesem hohen Tempo aber nicht ganz ungefährlich. Jedes Jahr verfliegen sich einige Sperber bei der rasante Verfolgung ihrer Beute in eine Scheune oder einen

Schuppen, stoßen s ch an Glasscheiben zu Tode oder kollidieren sogar mit fahrenden Autos.

In Park und Wald

In Wald und Park ist es noch ruhiger geworden. Man sieht nicht viel und hört nur ganz wenig. Es bleibt aber noch genug übrig für einen interessanten Vogelspaziergang. In einem großen Stadtpark ist die Vogeldichte jetzt deutlich höher als draußen im Hochwald. Viele Vögel sind in die Stadt gekommen. Außer einigen Greifvögeln, dem Schwarzspecht und ganz wenigen anderen kann man so gut wie alle Waldvögel in Parks und großen Friedhöfen beobachten. Das hat auch der **Sperber** gemerkt und daher oft seine Jagdgründe in den Park verlegt. Mittlerweile brüten in manchen deutschen Städten auch **Habichte** in großen Grünflächen. Daher wäre es keine ausgesprochene Sensation, wenn man dem stattlichen Greifvogel einmal begegnet, aber eine Überraschung ist es doch allemal.

Konkrete Vorhersagen lassen sich schwer treffen, denn alle Vögel, gleich welcher Art, müssen sich möglichst dort einfinden, wo Nahrung zu finden ist, und daher rasch reagieren. Für Waldvögel wird es besonders schwer, wenn dichter Raureif Äste und Zweige bedeckt. Dann ist Nahrungssuche dort zwecklos. Da haben es Tannen- und Haubenmeisen sowie Wintergoldhähnchen im dichten Fichtenbestand vorübergehend wohl besser getroffen. Bei guter Zapfentracht lohnt sich ein Blick auf hohe Fichten. Es ist zwar noch nicht ganz soweit, dass Kleinvögel leicht an die zwischen den Schuppen verborgenen Fichtensamen gelangen können, aber **Fichtenkreuzschnäbel** hängen vielleicht schon wie kleine Papageien an den Zapfen. Auch die kleinen **Erlenzeisige** interessieren sich zunehmend für die ölhaltigen Samen.

Ein Vogel, der sich das ganze Jahr über rar gemacht hat und kaum zu sehen war, macht jetzt auf sich aufmerksam: **Schwanzmeisen** ziehen in kleinen Trupps durch die Zweige und sind im kahlen Geäst schön zu beobachten, wie sie geschickt herumturnen. Der extrem lange Schwanz ist ihre Balancierstange, wenn sie kopfunter turnen und hängen. Mit hohen, etwas metallisch klingenden Rufen halten die zierlichen Vögel Kontakt untereinander. Sehr chrarakteristische schnurrende »zerrrp« sind zu hören, wenn der Trupp sich wie-

Schwanzmeise

der ein kleines Stück auf den Weg macht. Schwanzmeisen gehören zu einer eigenen kleinen Vogelfamilie mit nur einer Art in Europa. Sie sind trotz des deutschen Namens keine Meisen.
Selbst im Dezember kann man an milden Tagen Vogelgesang hören. Da schmettert plötzlich ein **Zaunkönig** kraftvoll seine Strophe in den ruhigen Wintertag, oder ein **Rotkehlchen** lässt seinen perlenden Gesang hören. Das hat mit Frühling noch nichts zu tun. Rotkehlchen verteidigen auch im Winter Reviere. Mit Zaunkönig, Rotkehlchen und Heckenbraunelle kann man ganz unterschiedliche Erfahrungen machen, was ihre Anwesenheit im Winter anbelangt. Bei allen 3 Arten ziehen Vögel weg oder kommen aus raueren und höher gelegenen Gebieten in mildere und tiefer gelegene.

Mäusebussarde sitzen im Winter oft auf niedrigen Warten neben einer Straße oder an einer Böschung.

Auf Wiese und Feld

Auch in der offenen Landschaft sind jetzt häufiger einmal Habicht oder Sperber auf der Jagd zu beobachten, vor allem wenn Hecken und Gehölze ihnen Deckung und Ansitz bieten. Zudem besteht die Chance, dem **Merlin** zu begegnen. Diese kleinste der europäischen Falken kommt als Wintergast aus Nordeuropa zu uns, im Norden Deutschlands wesentlich häufiger als im Süden, aber auch da kann man mit Erfolg nach ihm Ausschau halten. Er ist wie der Sperber ein schneller Kleinvogeljäger; im rasanten Jagdflug sind die Begegnungen meist sehr überraschend und gleich wieder beendet. Man muss also auf den Wintergast gefasst sein. Manchmal lassen sich die Kleinfalken auch auf einem Busch längere Zeit in Ruhe betrachten.
Ist Schnee gefallen, hat sich die Verteilung von Vögeln grundsätzlich geändert: Auf weiten Flächen ist kein Vogel zu sehen. Die Taubenschwärme sind verschwunden, und auch die Saatkrähen haben sich in die Nähe von Siedlungen begeben. Dunkle Flecken in der Landschaft haben magische Anziehungskraft auf die Vögel der offenen Flur; Hecken, Gebüsch und Gehölze sind zu wichtigen Rückzugsgebieten geworden. Windgeschützte Stellen und vor allem kleine Böschungen, an denen die dünne Schneedecke rascher abtaut, sind lohnende Ziele der Vogelbeobachtung. Goldammern, Wiesenpieper und Wacholderdrosseln konzentrieren sich hier am ehesten. In

den Hecken halten sich Feldsperlinge und möglicherweise noch einige Bluthänflinge. Mäusebussarde sitzen auf niedrigen Warten an Stellen, die Erfolg versprechen. Böschungen mit rasch abtauender Schneedecke begleiten auch viele Straßen, und deshalb reihen sich manchmal die **Mäusebussarde** hier auf. Vogelschützer haben mitunter Sitzstöcke angebracht, die von den Greifvögeln gern angenommen werden. Aber die zahlreichen Mäusebussarde lassen dann bei Jägern wieder die Besorgnis aufkommen, es gäbe zu viele Greifvögel und man müsse Ausnahmegenehmigungen zum Abschuss beantragen. Denn früh fallender Schnee setzt auch Hasen, Rebhühnern und Fasanen zu, die als Niederwild jagdliches Interesse genießen.

Am Wasser

An Futterstellen wimmelt es im Wasser. Erstaunlich viele Schwäne, Enten und Blässhühner drängeln sich um die Gaben der Spaziergänger. Die Zahl der Arten, die sich da einfinden, hat in den letzten Jahren zugenommen. Manche von ihnen wären noch vor Jahrzehnten undenkbar an Gewässern im Stadtgebiet gewesen, etwa Eiderenten in Süddeutschland oder gar Brot fressende Gänsesäger, die sonst von kleinen Fischen leben. Das Gewimmel der bunten Wasservögel, Ziel vieler Spaziergänger und Freude der Kinder, birgt aber auch einige Probleme, über die man sprechen muss. Einige sind eher Scheinprobleme und werden hochgespielt, andere sind weitgehend unbekannt, aber ernst zu nehmen.

So gibt es in manchen Städten regelrechte Schwanen- oder Gänsekriege. Stadtverwaltungen sehen es nicht gerne, wenn sich größere Mengen halbzahmer Höckerschwäne, Grau- und Kanadagänse auf kleinen Gewässern konzentrieren. Massenhaft Futter hält viel mehr Vögel am Platz, als das Gewässer vertragen kann. Starker Nährstoffeintrag und Verschmutzung ist die Folge. So werden Fütterungsverbote ausgesprochen, gegen die sich Tierschützer heftig zur Wehr setzen. Die Verwaltungen denken auch an eine enorme Schwanenvermehrung und glauben, eine Regulierung vornehmen zu müssen. Nacht- und Nebelaktionen gegen »Federwild« sind vorgesehen, bringen aber wenig. Auch ist die Fütterung sicher nicht die Ursache einer Schwanenvermehrung, sondern nur einer Konzentration von Schwänen an bestimmten Stellen. Graugänse, Kanadagänse, Nilgänse, Streifengänse, Mandarinenten und andere Exoten stammen entweder von öffentlichen Parkverwaltungen, die solche Vögel als Zierde eingesetzt haben, oder aus Tiergärten oder anderen Wasservogelhaltungen. Einige dieser exotischen Arten breiten sich nun als Wildvögel bei uns aus, und man muss tatsächlich ein kritisches

Tipps

- **Wasservögel** an Fütterungen.
- Vögel am **Futterhaus.**
- **Wintergäste** Bergfinken und Buchfinken.

Herausforderungen des Monats:

1. Sperber jagen in Park und Garten (Achtung auf Luftalarm der Singvögel)
2. Feine Unterschiede bei Futtergästen
3. Wasservögel richtig füttern!

Kanadagänse stammen aus Nordamerika und wurden schon lange in England und Schweden eingeführt; heute sind sie an Parkteichen auch bei uns nicht selten.

Auge auf diese Entwicklung haben, vor allem wenn sie einheimische Brutvögel bedrohen. Winterfütterung könnte zwar die Sterblichkeit im Winter verringern helfen, ist jedoch ebenfalls nicht die Ursache der Vermehrung.

Manche bunte »Exoten« an Futterstellen sind übrigens gar keine, sondern Mischlinge zwischen Hausentenrassen und wild lebenden Stockenten. Schon vor Jahrzehnten befürchteten vor allem Jäger, die heimische Wildente würde durch Einkreuzungen von Hausenten gefährdet. Dafür haben sich bisher jedoch keine Anhaltspunkte ergeben.

Auf wirklich ernste Probleme der Wasservogelfütterung machen Tiermediziner aufmerksam. Massenweise wird Brot gefüttert. Dies führt zu Gelenkentzündungen (Arthritis), unter denen z. B. Schwäne an den Bein- und Fußgelenken zu leiden haben. Und wenn altes Brot noch schimmlig ist, wird die Gefahr einer Vergiftung heraufbeschworen, denn die Toxine von Schimmelpilzen können als Leber- und Nierengifte wirken. Das müssen Tierfreunde und Verfechter der Wasservogelfütterung bedenken. Es gibt Wasservogelfutter im Handel zu kaufen, auch Mais und andere Körner sind geeignet.

Januar

Kritische Zeiten für Standvögel und andere Daheimgebliebene

Ein Wintergast, der von jeher Aufsehen erregte und es noch immer in die Tagespresse schafft, ist der **Seidenschwanz**. Er brütet in der Taiga von Nordskandinavien bis in den Osten Sibiriens. Wenn er zu uns kommt, verhieß das in älteren Zeiten nichts Gutes: Pestvogel heißt er heute noch in Holland, Unglücks-, Toten- oder Kriegsvogel sind alte deutsche Namen. Die Aufregung, die auch heute noch groß ist, allerdings fast nur unter den Vogelbeobachtern, rührt daher, dass Seidenschwänze in manchen Jahren überhaupt nicht als Wintergäste bei uns auftauchen, in anderen aber in großen Mengen erscheinen. Eine der größten je registrierten Invasionen fand wohl im Winter 2004/2005 statt, und im Jahr darauf gab es schon wieder einen starken Einflug. Allerdings werden solche Ereignisse heute über das Internet rasch verbreitet und alle Beobachter schon informiert, wenn die ersten Vögel im Herbst im Norden Deutschlands auftauchen. Da kommen dann natürlich viele Daten zusammen. Der schöne starengroße Vogel fällt auf und ist oft sehr zutraulich. Die großen Schwärme in einem Invasionswinter werden immer noch nach besonderer Bedeutung abgeklopft. Dass der geheimnisvolle Zuwanderer aus dem Norden Krieg oder Pest bringt, glaubt zwar heute niemand mehr. Doch trübe Vorahnungen für die Strenge des kommenden Winters werden schon immer noch beschworen.

Dabei ist es auch beim Seidenschwanz so, wie bei anderen Invasionsvögeln schon kurz angedeutet: Mehrere Faktoren, wie Vermehrung im Sommer, Nahrungsangebot nach der Brutzeit und ausreichende Nahrung im Wintergebiet müssen zusammenfallen, wenn ein starker Einflug im Winter zustande kommen soll. Die ersten erscheinen im Nordosten Deutschlands schon im späten Herbst. In normalen Jahren dringen viele Einflüge gar nicht bis zum Süden vor, manchmal erreichen auch nur ganz wenige Individuen das tiefe Binnenland. Ende Dezember und Januar ist in Invasionsjahren auch bis an den Rand der Alpen mit den bunten Vögeln zu rechnen. Der Rückzug hängt wohl in erster Linie vom Nahrungsangebot ab. Im großen Invasionswinter 2004/2005 waren noch bis in den April hinein Seidenschwänze an den letzten Beeren und hängengebliebenen Früchten bei uns zu sehen. In der Schweiz hatten sie z. B. Weinberge entdeckt, die mit nicht mehr geernteten Trauben den Vögeln offenbar willkommenen Anlass boten, die Winterfrische auszudehnen.

Der Januar ist für gewöhnlich der Monat mit den wenigsten Vogelarten bei uns. Da kann es schon mal einen Tag fast ohne Vögel geben, vor allem draußen auf den Wiesen oder in den Wäldern. Daran hat auch die beginnende Klimaerwärmung (noch) nichts geändert. Im Januar entscheidet sich auch meistens schon, wie viele Vögel über

den Winter kommen und in der nächsten Brutzeit für die Fortpflanzung zur Verfügung stehen. Im Januar heißt es für die meisten Vögel Energiesparen so viel wie möglich. Da ist dann auch der Bewegungsdrang eingeschränkt, und mancher Singvogel sitzt bei Kälte ruhig mit aufgeplustertem Gefieder da. Die Lockerung des Gefieders schafft eine noch bessere Wärmeisolation durch viele kleine Luftkammern zwischen den Federn. Tritt mildes Wetter ein, kann freilich blitzschnell umgeschaltet werden. Manchmal möchte man meinen, dass auch der Vogelfrühling schon eingeleitet sei. Was dann der Winter noch bringt, ist damit aber keineswegs angedeutet. Man kann es nicht oft genug sagen: Vögel ahnen die Witterungsentwicklung nicht Wochen voraus. Sie haben eine innere Jahresuhr, die durch den Wechsel der Tageslänge mit der Außenwelt abgeglichen wird und damit die Zeiten für das Vogeljahr vorgibt. Das Verhalten wird aber nur den augenblicklichen Verhältnisse angepasst.

Ums Haus und im Garten

Stare im Januar? Das kann wohl kaum sein, und wahrscheinlich handelt es sich um Seidenschwänze, die ähnliche einem Starenschwarm fliegen oder als starengroße Vögel im verschneiten Baum sitzen. Aber die eingeflogenen Nordländer können winterharten mitteleuropäischen Staren durchaus begegnen, zumal in Gärten oder auf Alleebäumen in der Stadt. **Stare** überwintern in einigen milderen Gegenden bei uns regelmäßig und halten sich dann vor allem in Städten auf. Vielleicht besuchen einige auch das Futterhaus im Garten. Stare sind in Europa Standvögel, Teilzieher und Kurzstreckenzieher. Wir wissen also nicht genau, woher die Winterstare kommen, aber einheimische Brutvögel sind wohl auch dabei.

Seidenschwänze trifft man vor allem an Obstbäumen, wenn noch einige alte verschrumpelte Früchte dran hängen. Auch auf den Boden kommen sie herunter, wenn dort noch Äpfel liegen. **Amseln** und **Wacholderdrosseln** interessieren sich ebenfalls für altes Obst. Wenn Seidenschwänze und Drosseln in der Nähe sind, kann man das Futterangebot durch aufgeschnittenes Obst noch etwas erweitern für nicht alltägliche Gäste.

Ein guter Tipp für die Suche nach Seidenschwänzen sind Bäume mit Misteln. Die weißen Beerenfrüchte werden ab September reif und sind jetzt für Seidenschwänze sowie für Drosseln und Stare eine wichtige Nahrungsgrundlage. Sie kommen dabei aber oft **Misteldrosseln** in die Quere, die seit einiger Zeit vor allem im Westen zunehmend bei uns überwintern und, wie ihr Name sagt, auch von Mistelbeeren abhängig sind und einzelne Mistelbüsche sogar regelrecht verteidigen. Bis März etwa geht die Saison der Mistelbeerenernte. Alleebäume, Bäume in Parks und Gärten mit Mistelbüschen werden oft Tag für Tag regelmäßig von Vögeln aufgesucht. Oft entdeckt man, dass in einem ganz bestimmten Ortsviertel in alten Alleen, Parks und Gärten sehr viele Bäume den Halbschmarotzer tragen, was jetzt im Januar in den kahlen Kronen natürlich besonders auffällt. Daran sind wohl großenteils Vögel schuld, denn durch sie kommen die Samen von einem Baum auf die Äste eines anderen. Die Mistel hat für die Verbreitung durch Vögel zwei Optionen: Das Fruchtfleisch der Beeren ist klebrig, und am Schnabel hängengebliebene lästige Reste werden an einem Ast abgestrichen. Der andere Weg ist

die Ausbreitung durch den Darm; die Samen werden keimfähig von den Vögeln wieder ausgeschieden.
Am Futterhaus im Garten können immer noch neue Gäste kommen, etwa Gartenbaumläufer oder ein Trupp Schwanzmeisen, die an die Meisenknödel fliegen oder an andere hängende kleine Geräte mit Fettfuttergemisch. Vielleicht ergibt sich jetzt auch die Gelegenheit, die **Sumpfmeise** etwas näher kennen zu lernen. Der bescheiden gefärbte Vogel wird leicht übersehen.
Bei starkem Schneefall oder einem Kälteeinbruch kann es sein, dass die Futterstelle entgegen den Erwartungen kaum besucht wird oder viel weniger Vögel kommen als an milderen Tagen im Spätherbst. Das kann damit zusammenhängen, dass jetzt viele Vögel weniger weit umherstreifen und sich auf ihnen nächstliegende und leicht erreichbare Nahrungsquellen konzentrieren. Damit sparen sie Energie. Jedenfalls muss man, wenn Vögel bei Kälte und Schnee ausbleiben, nicht gleich auf eine kleine Katastrophe schließen. Wahrscheinlich sind auch keine gravierenden Fehler beim Einrichten der Futterstelle gemacht worden. Der Zufall hat es wohl so mit sich gebracht.
Auch wenn es frostig wird und viel Schnee gefallen ist, darf man sich nicht dazu verleiten lassen, den Vögeln etwa Essensreste vorzusetzen. Eine Trinkschale mit Wasser, vielleicht anfänglich etwas lau, damit es nicht so schnell zu Eis gefriert, ist entgegen manchem guten Ratschlag empfehlenswert. Vögel trinken auch im Winter, manche fressen sogar etwas Schnee, um ihren Feuchtigkeitsbedarf zu decken.
Sperber jagen auch im Januar immer mal wieder durch den Garten. Sie sind auf den Vogelreichtum in den Siedlungen mehr denn je angewiesen. Auch **Turmfalken,** die in der Stadt brüten, versuchen sich in der Kleinvogeljagd und sind darin gar nicht mal so ungeschickt. Meist lauern aber Singvogeljäger nicht gezielt in der Nähe einer Futterstelle, sondern kommen eher zufällig vorbei.
An milden Januartagen ist in der Stadt oft schon schüchterner Amselgesang in der Dämmerung zu vernehmen.

Wie alle Meisen nutzen auch Sumpfmeisen gerne hängendes Futter; hier müssen sie sich nicht mit Konkurrenten am Futterhaus auseinandersetzen.

In Park und Wald

Auch in Parks lohnt es sich, nach Seidenschwänzen Ausschau zu halten. Wieder sind Misteln tragende Bäume bevorzugtes Suchziel. Im geschlossenen Wald stehen die Chancen weniger günstig, besser in Gehölzen oder auch an Straßenalleen. Beerentragende Sträucher gibt es so gut wie nicht mehr, vielleicht noch einige Ziersträucher im Park mit Früchten, an die sich Seidenschwänzen halten können.

Große Bedeutung haben jetzt, vor allem wenn der Förster ein Mastjahr verzeichnet, Fichtensamen als Vogelnahrung. Auf dem Boden findet man zahlreiche abgefressene Fichtenzapfen. Die meisten dürften von Eichhörnchen stammen, aber auch **Buntspechte** nehmen sie sich ganz methodisch vor. Steckt irgendwo ein Zapfen – es kann auch ein Kiefernzapfen sein – in einer engen Astgabel eingeklemmt oder in einem Baumspalt, hinter einer etwas abstehenden Rinde oder auch einem etwas angewitterten Pfosten, dann kann es sich um eine so genannte Spechtschmiede handeln: Buntspechte klemmen den im Schnabel transportierten Fichtenzapfen ein und drücken ihn auch mit der Körperunterseite gegen das Widerlager. Jetzt kann er bequem mit dem Schnabel bearbeitet werden. Die Zapfenschuppen werden abgehämmert, die dazwischenliegenden ölhaltigen Samen aufgenommen und geschluckt. Oft deuten viele am Boden liegende Zapfenschuppen darauf hin, dass eine günstige »Schmiede« immer wieder aufgesucht wird.

Natürlich nutzt man die Samensaison der Nadelbäume, um oben im Baum nach Fichtenkreuzschnäbeln, Erlenzeisigen und Bergfinken bei der Samenernte zu suchen. Auch Tannenmeisen fliegen immer wieder die sich langsam öffnenden Zapfen an, um sich die energiereichen Samen zu holen.

Selbst im vogelarmen Januar gibt es Überraschungen. **Waldohreulen** kommen in die Stadt und suchen sich bei Frost in Parks und Friedhöfen oder siedlungsnahen Gehölzen, ja sogar in großen Gärten, Tagesschlafplätze. Dort sitzen sie dann unbewegt und schauen auf den Tagestrubel einer nahe Straße herunter. 30 Eulen und mehr können solche Schlafplatzgesellschaften umfassen, meist sind es aber kleinere Trupps, die sich zusammenfinden. Auch einen **Waldkauz** kann man vielleicht am Stamm sitzend entdecken. Doch dazu gehört etwas Glück.

Elster

Auf Wiese und Feld

Mit einer Schneedecke überzogenen Flächen sind so gut wie vogelleer. Vielleicht sitzen ein paar **Raben-** oder **Nebelkrähen** an einem überfahrenen Tierkadaver oder an einer dunklen Stelle im weißen Teppich, die für sie Nahrung bietet. In kahlen Feldgehölzen und Alleen kann man die Elsternnester vom Sommer als dunkle Klumpen gut erkennen. Sie zu zählen vermittelt einen Anhaltspunkt, wie viele **Elstern** heute in der Feldflur tatsächlich noch einen Brutversuch unternehmen. Viele sind ja mittlerweile in Städte und Gärten eingewandert, weil sie in der ausgeräumten Landschaft kaum noch geeignete Brutplätze finden.

Sollte statt der großen schwarz-weißen Elster ein deutlich kleinerer schwarz-weißer, schlanker Vogel von mindestens Amselgröße auf einem einzelnen Baum oder in der kahlen Hecke sitzen, kündigt sich eine aufregende Begegnung mit einer echten Rarität an: **Raubwürger,** die großen Verwandten des Neuntöters, waren früher in vielen Gegenden regelmäßige Brutvögel, sind aber äußerst selten geworden und großräumig verschwunden. Am ehesten kann man ihnen heute noch einzeln als Überwinterer begegnen, wahrscheinlich handelt es sich dabei um Vögel aus dem Norden und Nordosten. Solche Wintergäste sind zwar auch sehr selten, aber doch immer noch regelmäßig bei uns zu sehen. Ihre Nahrung ist vielseitig, sie sind z. B. ausgesprochene Wühlmausjäger. Aber bei Schnee müssen sie versuchen, Kleinvögel bis etwa zur Größe einer Lerche zu fangen. Die Beute wird dann eingeklemmt oder aufgespießt, um sie leichter zerkleinern zu können. Raubwürger halten sich oft lange in geeigneten Winterrevieren.

Tipps

- > **Neue Gäste** am Futterhaus.
- > **Am Fluss:** Eisvogel, Wasseramsel.
- > **Fußabdrücke** im Schnee.

Herausforderungen des Monats:

1. Stare im Winter
2. Neue Schwimmvögel auf dem Parkteich?
3. Möwenkontrolle: Sind Sturmmöwen dabei?
4. Sind Seidenschwänze da?

Für **Mäusebussarde** sind bei lang anhaltender Schneedecke auch schlechte Zeiten angebrochen. Ihre Zahl ist dann meist ohnehin geringer geworden, denn noch mitten im Winter weichen sie dem Schnee durch Abwandern aus. Es lohnt sich, die wenigen verbliebenen genauer zu mustern, vor allem im Flug. Es könnte ja sein, dass ein **Raufußbussard** aus Skandinavien dabei ist. Allerdings ist dieser Greifvogel im Süden und Westen bei uns ein ausgesprochen seltener Wintergast, im Norden und Osten deutlich regelmäßiger und häufiger. Aber in manchen Jahren kommt es zu größeren Einflügen. Die Skandinavier von unseren Bussarde zu unterscheiden ist nicht ganz einfach. Man muss genau hinsehen und braucht ein gutes Bestimmungsbuch.

In frisch gefallenem oder weichem Schnee verraten auch Spuren manches vom Vogelleben. Große Füße mit weit ausgestellten und etwas unsymmetrischen seitlichen Zehen in gerader Linie hintereinandergesetzt deuten auf Hühnervögel. Fußabdrücke von Rebhühnern sind deutlich kleiner als die von Fasanen. Bei Abdrücken von Krähen oder Drosseln stehen die beiden seitlichen Zehen immer in spitzem Winkel von der nach

vorne weisenden mittleren Zehe ab; sind beide Füße über eine kleine Strecke parallel gesetzt, hat sich der Vogel hüpfend fortbewegt. Entlang einer Feldhecke oder am Waldrand enthüllt der Schnee auch ein kleines Drama. Blutstropfen und verstreute Federn sind von der erfolgreichen Jagd eines Sperbers, Waldkauzes oder Habichts übrig geblieben. Vielleicht zeigen auch Flügelabdrücke im Schnee, was sich da abgespielt haben mag.

Am Wasser

Auch wenn Vereisung vom Ufer her den Fluss begleitet oder den Parkteich etwas einschnürt, lohnt es sich, nach Vögeln Aussschau zu halten. Oder sogar gerade dann. Für den **Eisvogel** sind jetzt nämlich die härtesten Zeiten eingetreten, und oft hat sich einer der blauen »Edelsteine« an einer offenen Stelle im Eiskorsett eingefunden. Selbst mitten in der Stadt an offenen Stellen versuchen die Stoßtaucher ihr Glück. Es ist also bei Kälte und beginnender Vereisung gar nicht unwahrscheinlich, an der Uferpromenade, am Flussufer oder auch am Parksee einem unserer farbenprächtigsten Vögel überraschend zu begegnen. Man darf sich aber keine übertriebenen Vorstellungen machen, denn der bunte Vogel ist an einem trüben Wintertag oft erstaunlich schwer auszumachen, wenn er etwa unbeweglich in den verschneiten Zweigen am Ufer sitzt. Oft entdeckt man ihn erst, wenn er pfeilschnell abfliegt und der herrlich blau leuchtende Rücken aufblitzt. Eisvögel erleiden in harten Wintern bei langer Eisdecke beträchtliche Verluste, die zu großen Bestandseinbrüchen führen. Sie können dies aber durch eine relativ hohe Fortpflanzungsrate bald wieder ausgleichen, wenn sie denn dazu Gelegenheit haben. Ungestörte Eisvogelbrutplätze an Fluss- und Bachufern mit senkrechten Abbrüchen, in die die Vögel Brutröhren graben können, sind selten geworden.

Den lebhaften **Möwen** an der Flussbrücke oder am Stauwehr zuzuschauen, wie sie elegant in die Luft geworfene Brocken aufschnappen, ist eine hübsche Abwechslung. Man kann selbst tief im Binnenland neben den allgegenwärtigen Lachmöwen andere Möwenarten entdecken, sogar mitunter einzelne Silber-, Mittelmeer- und Heringsmöwen. Regelmäßig ist mit Sturmmöwen zu rechen, jetzt im bräunlich durchsetzten Jugendkleid, oder die Altvögel im Schlichtkleid mit fein gestricheltem Kopf und Hals. Der Schnabel trägt keine rötlichen Farbtöne wie bei den Lachmöwen, sondern einen dunklen Ring oder eine dunkle Spitze.

Eisvogel

Wasservögel drängen sich an eisfreien Stellen eng zusammen. Das Gewimmel an Fütterungsstellen ist noch größer geworden. Jetzt ist die beste Gelegenheit, die eine oder andere Art, die sich sonst etwas abseits hält, etwas näher und eingehender zu sehen. So sind vielleicht die kleinen Zwergtaucher endlich einmal aus der Nähe zu betrachten. Unter die sich drängelnden Enten mischen sich unter Umständen Pfeif- und Krickenten. Bei den spät mausernden Arten wie Schellenten und Gänsesägern tragen d e Männchen jetzt ihr eindrucksvolles Prachtkleid. Das verspricht schöne Beobachtungen in der nächsten Zeit. Auch Reiher- und Tafelenten strahlen jetzt im frischen Prachtkleid.

Unter den vielen Lachmöwen, die im Winter keinen braunen Kopf tragen (unten), finden sich oft auch einzelne Sturmmöwen (oben).

Februar

Erste Frühlingssignale im weichenden Winter

Balzender Schellerpel

Die länger werdenden Tage lassen vielleicht erste Frühlingsgefühle aufkommen, aber oft schlägt der Winter im Februar noch einmal kräftig zu oder verlängert die schon im Januar eingetretene Kälterperiode. Wenn der Februar richtig kalt wird, sind am Ende des Winters oft noch hohe Vogelverluste zu erwarten, denn die Kondition der überwinternden Vögel ist jetzt ohnehin schon stark strapaziert. Bei Winterrückschlägen, insbesondere wenn noch einmal viel Schnee fällt, flüchten viele Vögel wieder in die Stadt. Die Wintergäste sind alle noch da. Am Futterhaus oder an den Fütterungsstellen am Parkteich oder auf der Flussbrücke herrscht immer noch winterlicher Hochbetrieb.

Frühjahrseindrücke aber sind nicht zu übersehen oder besser zu überhören. Da klingeln die ersten Kohlmeisen oder trillern und pfeifen die Kleiber. Amseln lassen in der Dämmerung ihren Gesang hören, freilich nicht so laut wie einige Wochen später, eher schüchtern und verhalten. Auch wenn Schnee fällt, wird Amseln und Meisen das Singen manchmal nicht verleidet. Die länger werdenden Tage, weniger die Witterung, signalisieren ihnen die kommende Zeit der Partnersuche und Revierbesetzung.

Die Menschen sind dankbar für jedes Anzeichen, das für den nahen Frühling spricht. Und so kommt es unweigerlich zu den jährlichen Meldungen in der Tageszeitung, irgendwo seien schon »die ersten« Stare eingetroffen. Das sind die Stare, die man offensichtlich den ganzen Winter übersehen hat. Aber vielleicht unternehmen die regelmäßig überwinternden Stare jetzt auch weitere Ausflüge und tauchen an Stellen auf, an denen sie vorher nicht zu sehen waren und werden deshalb als Frühlingsboten empfunden. Es ist aber auch ganz normal, dass bereits im Februar die allerersten Vorreiter einiger Zugvögel zurückkommen, darunter sicherlich auch Stare, die sich zu den Scharen ihrer überwinternden Artgenossen gesellen. Aber manche besonders früh eintreffenden Zugvögel kann es kalt erwischen, sodass sie noch einmal ein Stück umkehren. Eben angekommene Feldlerchen oder Kiebitze sind dann plötzlich wieder verschwunden und haben sich in Gebiete mit augenblicklich günstigeren Witterungsbedingungen zurückgezogen. Dort warten sie dann, bis sie wieder in ihre angestammte Heimat vorstoßen können. Tauwetter bringt oft über Nacht viele Vögel zurück, obwohl es noch nicht wirklich Frühjahr ist.

Unter den Schwimmvögeln auf dem See ist richtiger Winter, denn die überwinternden Scharen sind noch nicht weggezogen, sofern sie das Eis nicht dazu gezwungen hat. Auch bei ihnen sind nach harten Wintern die Verluste als Folge schlechter Ernährung groß. Das haben die ersten Fälle von Vogelgrippe im Februar 2006 jedermann vor Augen geführt. Die meisten der unter-

suchten toten Wasservögel waren nicht an der Krankheit, sondern an schlechter Körperkondition nach einer längeren Kälteperiode gestorben. Sobald die Gewässer eisfrei sind, lassen sich auch bei kalter Luft lebhafte Bewegungen in der Wasservogelschar feststellen.

Zu den Wintergästen zählt fast überall die **Schellente.** Den Winter über sah man vor allem auf den Seen und Stauseen des Binnenlandes fast nur die unauffälligen Weibchen und die ihnen sehr ähnlichen Erpel im Schlichtkleid – kleine, etwas dickköpfige, tief im Wasser liegende Tauchenten. Jetzt tragen die Männchen das Prachtkleid: Weiß leuchten ihre Flanken im Licht der Wintersonne, die dicken, dunkel flaschengrünen Köpfe heben sich als Kontrast davon ab, und vor dem Schnabel sitzt ein runder weißer Fleck. Ihren Namen hat die in Baumhöhlen brütende kleine Ente vom Flügelgeräusch. Fliegen Schellenten mit raschem Flügelschlag vorbei, hört man ein melodisches Klingeln wie »wüb wüb wüb ...«, das klangvoller und deutlich lauter als das Klingeln fliegender Stockenten ist. Bei den Erpeln, die im Prachtkleid eine besonders umgeformte Handschwinge tragen, klingt es am lautesten. Bei Schlichtkleidmännchen und Weibchen ist es viel leiser. Schellerpel machen aber auch auf dem Wasser viel von sich her. Sie balzen in Gruppen um einzelne oder wenige Weibchen. Dabei werden allerlei Verrenkungen ausgeführt. Am auffälligsten ist das Hochwerfen des dicken Kopfes. Dabei kann man einen merkwürdig nasalen und gepressten Laut hören, der kaum in Silben wiederzugeben ist. »Knirr(ä)« oder ähnlich liest man es im Vogelbuch. Auch andere bisher recht ruhige Enten hat das kommende Frühjahr gepackt. Selbst sonst eher phlegmatische Reiher- und Tafelenten zeigen jetzt etwas Temperament, wenn sie sich den Weibchen nähern.

Gimpel, Männchen

Ums Haus und im Garten

Futterstellen haben immer noch Konjunktur. Möglicherweise ist der Besuch jetzt sogar besonders lebhaft, denn die Zahl der Vögel in der Umgebung hat – obwohl immer noch Winter – zugenommen. Vielleicht sind jetzt aber auch nur mehr Vögel unterwegs als an sehr kalten Wintertagen. Die können zwar jetzt auch noch vorkommen, die Aktivität jäh bremsen und für Ruhe sorgen, aber in der Regel ändern sich die Verhältnisse schnell wieder.

Im Spätwinter sind die hellen Federsäume abgestoßen und die Bergfinkenmännchen zeigen sich im Prachtkleid mit dem schwarzen Kopf.

Neue Besucher am Futterhaus sind vielleicht **Kernbeißer** oder **Gimpel.** Nach längerer Pause lassen sich auch Tannenmeise, Schwanzmeise, Buchfink und Gartenbaumläufer wieder einmal sehen. Manches hat sich auch an längst bekannten Besuchern geändert. Die **Bergfinkenmännchen** haben alle grauen Federsäume abgestoßen und prangen jetzt in ihrem schwarzen Kopfgefieder. Und auch die Männchen der Buchfinken tragen ihr frisches Prachtkleid. Wahrscheinlich sieht man auch wieder mehr Weibchen.

Je nachdem, wie sich das Wetter zeigt, fangen die ersten Vögel mit dem Singen an. Ganz vorn dran ist sicher die **Kohlmeise** mit ihrem bekannten »zizibäh«, das aber vielfältig abgewandelt wird. Man kann sich jetzt von der Vielfalt der Kohlmeisengesänge ein gutes Bild machen, denn die frühen Sänger werden im Februar noch kaum von anderen Vogellauten gestört. Aber es gibt noch weitere Meisenlieder im Vorfrühling. **Blaumeisen** melden sich mit einem Triller, etwa »zi zi tirrrrrrr«, und **Sumpfmeisen** mit »zjä zjä zjä ...«, wobei jede Silbe hart angeschlagen ist. Schwanzmeisen singen so gut wie nicht. Man kann aber jetzt sehen, ob sich schon einzelne Paare gefunden haben und gemeinsam umherziehen oder immer noch kleine Trupps unterwegs sind.

An kalten Tagen oder nach heftigem Schneefall kann es sein, dass plötzlich Stare im Garten sind oder sogar an die Futterstellen kommen. Ähnlich ist es mit Wacholderdrosseln. Möglicherweise lassen sich die ersten schon zurückgekommenen Misteldrosseln sehen, ganz ausnahmsweise vielleicht auch eine Singdrossel. In Gärten im Dorf

Kleiber können sich am senkrechten Stamm auch nach unten bewegen.

oder am Außenrand von Städten ziehen sich Goldammern und Bluthänflinge vor Schneeeinbrüchen zurück. Wenn es die Umstände erlauben, ist den Vögeln bereits etwas geholfen, wenn man ein kleines Stück Rasen schneefrei kehrt. Haferflocken und alte Obstreste sind Staren und Drosseln willkommen.

Februar ist auch die Zeit, in der man noch einmal nach den Nistkästen schauen sollte, ob sie den Winter gut überstanden haben. Hat man im Herbst versäumt, an günstigen Stellen neue aufzuhängen, lässt sich das jetzt noch nachholen.

In Park und Wald

Tiefen Winter oder erstes Frühlingserwachen bietet der Februar auch in Park und Wald. Mit kräftigen, etwas nach oben gezogenen Pfiffen im Park meldet sich der **Kleiber.** Das ist sein Reviergesang, und manchmal hört man auch die Antwort vom Nachbarn aus der Ferne. Kleiber haben aber noch anderes auf Lager, etwa eine rasche Trillerstrophe »wiwiwiwi«. Ebenso wie die Kohlmeisen sind die Stammkletterer mit ihren Gesängen früh im Jahr dran. Sie sind später kaum mehr so eindrucksvoll zu hören wie im Vorfrühling. Mit ihrem frühen Sangesbeginn nutzen den Vorteil, gut gehört zu werden. In der Stadt und an Straßen haben sich heute alle Singvögel mit einem gewaltigen Geräuschpegel auseinanderzusetzen, der das Vogelleben erheblich beeinträchtigen kann. Tiefer im Wald lässt ein anderer Baumkletterer einen feinen Triller erklingen, bei dem man schon genau hinhören muss. **Waldbaumläufer** beginnen ebenfalls schon im Februar zu singen. Ihr Triller ist freilich viel zarter und länger als die kräftige kurze Strophe des so außerordentlich ähnlichen Gartenbaumläufers, dessen Gesang meist etwas später in Stadtparks und Gärten zu vernehmen ist. Baumläufer nach Rufen und Gesängen unterscheiden zu lernen ist eine Herausforderung des beginnenden Frühlings. Die beiden Arten sind sich optisch so ähnlich, dass die Stimme ein wesentlich zuverlässigeres Unterscheidungsmerkmal darstellt als die kleinen Anhaltspunkte im Gefieder.

Auch im Park beginnen Meisen dann und wann zu singen, vor allem wenn die Sonne scheint. Die 3 vom Garten her bekannten Arten lassen sich öfters einmal vernehmen, die **Sumpfmeise** sicher am seltensten. Ihre Klapperstrophe, die sehr stark variiert werden kann, ist auch nur wenigen Leuten bekannt. Es lohnt sich, bei unbekannten und nicht klar einzuordnenden Gesängen den Urheber ausfindig zu machen. Im unbelaubten Laubwald ist das relativ einfach. Es könnte auch sein, dass sich an milden, sonnigen Februartagen Zaunkönig oder Heckenbraunelle mit ersten Gesängen melden. Im Nadelwald ist das »wize wize ...« der Tannenmeisen und das »zi gürr« der Haubenmeisen zu hören.

Aufmerksamkeit verdienen in diesem Monat auch Spechtlöcher, auch wenn noch nichts besonderes an ihnen zu sehen ist. Höhlenbäume in Park und Wald sind aber immer Mangelware, und sie können im kommenden Frühling und Sommer lohnende Beobachtungen versprechen.

Auf Wiese und Feld

Pauschal gesehen ist im Spätwinter auf den offenen Flächen in Nordwestdeutschland mehr an Vögeln zu erleben als tief im südlichen oder östlichen Binnenland. Das hängt zum einen mit den Auswirkungen des milderen ozeanischen Winters zusammen, zum anderen mit der Tatsache, dass vor allem die Nordseeküste und ihr Hinterland einen großräumig wichtigen Überwinterungsraum für Brutvögel der Tundra darstellen. Zu den überwältigenden Erlebnissen zählen die große Rastscharen der **Saat-**, **Kurzschnabel-** und **Blässgänse** mit einigen anderen Arten, die von den Ruheplätzen am Wasser tagsüber auf den Wiesen zur Weide einfallen. Auch **Sing-** und **Zwergschwäne** sitzen auf Wiesen und Äckern. Kiebitzschwärme und Goldregenpfeifer sind auf den meist grünen Winterwiesen nicht außergewöhnlich, auch Lerchen und Stare sieht man häufiger als im Süden.

Im südlichen Deutschland ist es nicht ausgeschlossen, dass man vor allem in der Nähe von Teichgebieten und Stauseen auf weidende Wildgänse trifft, die nichts mit den halbwilden Graugänsen oder eingebürgerten exotischen Gänsearten zu tun haben. Aber ungewöhnlich sind solche Begegnungen doch. Es gibt manche traditionelle Stellen, an denen sich meist **Saatgänse** und seltener auch **Blässgänse** blicken lassen. Wichtig ist, dass ungestörte Wasserflächen als Ruheräume in der Nähe sind, auf die sich die Gänsetrupps nach ihrer Weide zurückziehen können. Wie bei manchen anderen Wintergästen gibt es auch bei Wildgänsen von Zeit zu Zeit Jahre mit größeren Einflügen ins Binnenland. Das Internet und Mailgroups regionaler Beobachtungsgemeinschaften und vogelkundlicher Vereine sind ein wichtiges Mittel, sich möglichst aktuell und zeitnah über solche Vorkommen zu informieren.

Tipps

- **Meisen** und **Kleiber** singen schon.
- Vorfrühling bei den **Lachmöwen.**
- **Landflucht** bei Winterrückschlägen.
- **Erste Zugvögel** vielleicht schon da: Bachstelze, Feldlerche, Singdrossel.

Herausforderungen des Monats:

1. Schellenten und ihre Balz
2. Waldbaumläufer singen, später auch Gartenbaumläufer
3. Nistkästen kurz überprüfen

Was man im Spätwinter auf Wiese und Feld an Vögeln treffen kann, hängt ganz entscheidend von den jeweiligen Verhältnissen ab. Geschlossene Schneedecke auf einheitlicher, ausgeräumter Fläche bietet schlechte Aussichten. Aber auch bei Kälte könnte es an einem tieferen Wiesengraben mit nur wenig fließendem Wasser oder an einer sumpfigen, nicht oder nur teilweise zugefrorenen Vertiefung sehr interessant werden. Hier ist es auch möglich, Bekanntschaft mit der **Zwergschnepfe** zu machen. Die kleine kurzschnäbelige Verwandte der Bekassine kann sich dicht an den Boden drücken und damit außerordentlich geschickt verbergen. Sie wird daher gar nicht oft gesehen, scheint aber doch regelmäßig in kleiner Zahl bei uns zu überwintern.
Auch wenn man nicht solches Glück hat: Trupps von Goldammern und Bluthänflingen an den Hecken, Wiesen- und Bergpieper an Wiesengräben oder auch ein erster kleiner Trupp Feldlerchen auf einem schneefreien Ackerstück beleben die sonst oft noch winterlich ruhige Flur.

Zwergschnepfe

Am Wasser

Eine Frühlingsvorahnung signalisieren die **Lachmöwen** an den Stadtbrücken. Ihre Rufe klingen anders als in den vorausgegangen Wochen, kräftiger und voller, wie an der Brutkolonie im Frühsommer. Einige tragen schon die dunklen Kopfmasken, andere sind gerade in der Mauser. Das Gesicht ist bei ihnen noch weißfleckig. Nicht alle Möwen drängen sich noch an den bekannten Futterplätzen am Wasser. Viele haben sich auf Wiesen in den Grünanlagen verteilt, sobald diese schneefrei geworden sind.
Auch viele **Kormorane**, die heute selbst in Stadtgebieten regelmäßig Flüsse und Seen aufsuchen, haben sich etwas verändert. Die meisten Altvögel tragen an den Flanken einen runden weißen Fleck oberhalb des Beinansatzes, ihr dunkles Körpergefieder ist grünschillernd, und am Hals breiten sich feine weiße Federn aus – die Vögel haben ihr Prachtkleid angelegt.
Draußen auf dem See tummeln sich, falls das Januareis endlich aufgegangen ist, zahlreiche überwinternden Enten und Schwäne. Vielleicht ist auch noch der **Seeadler** da, der sich seinen Anteil an Wasservögeln holt. Unter dem Gewimmel auf der offenen Wasserfläche sind möglicherweise immer noch neue Gestalten zu erkennen. Schellenten und Reiherenten haben an Zahl zugenommen. Die schwarz-weißen Männchen blitzen in der Wintersonne. Übertroffen werden sie von den **Gänsesägern** im Prachtkleid, deren weiße Flan-

ken manchmal leicht rosa angehaucht sind. Und mittendrin schwimmen **Zwergsäger.** Die Männchen sind schneeweiß und fein schwarz gezeichnet, die Weibchen grau mit einem rotbraunen Kopf und weißer Kehle. Der kleinste, nur etwas schellentengroße Säger kommt nur einzeln oder in kleinen Zahlen ins Binnenland, ist aber regelmäßig im Hoch- und Spätwinter zu erwarten.
Die bunte Schar der Schwimmvögel enthält oft kleine Überraschungen, vor allem wenn man sich die Mühe macht, sie mit einem Spektiv mit 30-–40-facher Vergrößerung durchzumustern. Da schwimmen unter den zahlreichen Höckerschwänen vielleicht sogar einige **Singschwäne.** Die knallbunten **Löffelerpel** mit ihren braunen Weibchen, die durch ihren eingezogenen Kopf mit dem langen und breiten Löffelschnabel von Stockentenweibchen zu unterscheiden sind, mischen sich unter die Gründelenten. Und auch mit den der Reiherente außerordentlich ähnlichen **Bergenten** ist zu rechnen, im Binnenland zumindest in kleiner Zahl. Samtenten, Trauerenten, Eisenten und sogar Eiderenten sind auch auf Binnenseen heute regelmäßiger als früher zu erwarten. Vielleicht hängt das aber auch damit zusammen, dass sich immer mehr aufmerksame Beobachter mit den Wintergästen unter den Wasservögel befassen. Pracht-, Stern- sowie ausnahmsweise Eistaucher könnten noch da sein. Die Haubentaucher im Prachtkleid scheinen langsam wieder zurückzukommen.
Es ist daher verständlich, dass große offene Wasserflächen im Spätwinter Vogelbeobachter in ihren Bann ziehen. Rastende Wasservogelscharen werden an festgelegten Stellen schon seit Jahrzehnten an bestimmten, international festgelegten Terminen von Amateurornithologen gezählt, sodass man über die Bestände und ihre Verschiebungen über den Winter und über die Jahre in Europa gut informiert ist.

Zwergsäger schwimmen meist nur in kleiner Zahl unter den winterlichen Wasservögeln.

Am Ufer der Seen tut sich noch nicht viel. In kalten Nächten bildet sich dort auch immer noch rasch dünnes Eis. Aus den alten vorjährigen Schilfhalmen fliegt eine Rohrammer auf, ein Überwinterer oder vielleicht schon ein sehr früh eingetroffener Zugvogel. Im Flachwasser stehen einige **Graureiher.** Die meisten von ihnen sind Zugvögel, die lange Vereisung zwingt auch die den Winter über Dagebliebenen mitunter zu Ausweichbewegungen in eisfreie Gebiete.

Erklärung von Fachbegriffen

Ästling: Junge Greifvögel und Eulen, die das Nest bereits verlassen haben, aber noch nicht flugfähig sind, bei Eulen sogar oft noch ein Dunenkleid tragen.

Alterskleid: Jahres-, Pracht- oder Schlichtkleid eines erwachsenen Vogels im Unterschied zum Jugendkleid.

Artenschutz: Schutz von Arten in überlebensfähigen Beständen und in ihrer genetischen Vielfalt, also Förderung und Schutz von wild lebender Pflanzen- und Tierarten, z. B. durch Erhaltung ihrer Lebensräume, Handelsbeschränkungen, Verbot von Verfolgung und Störung ihrer Lebensstätten. Vgl. Tierschutz.

Biotop: Abgegrenzter Lebensraum einer Lebensgemeinschaft von Tieren und Pflanzen, und zwar ganz allgemein, nicht nur besonders wertvoller. Ein Biotop ist also auch ein Garten, ein Großstadtkern, eine Ödfläche usw., nicht nur ein eigens angelegter kleiner Tümpel o.Ä.

Bodenbrüter: Vögel, die ihr Nest auf oder dicht über dem Boden anlegen.

Brutbestand: Alle Brutpaare einer Art auf einer Fläche oder in einem Gebiet.

Bruterfolg: Zahl der selbstständigen Jungen eines Paares oder eines Bestandes.

Brutplatz: Neststandort oder Brutrevier.

Ersatzbrut, -gelege: Neuer Brutversuch nach Verlust des vorherigen Geleges oder der Jungen.

flügge: Voll befiederter, flugfähige Jungvogel.

Gelege: Zahl der Eier in einem Nest.

Gesang: Lautäußerung, die aus Strophen zusammengesetzt ist oder kontinuierlich vorgetragen wird und bestimmte Funktionen hat (z. B. Reviermarkierung, Partnerbindung, Drohen usw.); meist nur zu bestimmten Zeiten im Jahr zu hören. Vgl. Ruf.

Heimzug: Wanderung vom Überwinterungsgebiet zurück in das Brutgebiet.

Höhlenbrüter: Vögel, die in Baum-, Fels-, Mauerlöchern oder Nistkästen brüten.

Invasion: Unregelmäßige Wanderungen in andere Gebiete, oft mit massenhaftem Einflug.

Jahreskleid: Kleid des erwachsenen Vogels ohne saisonale Unterschiede.

Jahresvogel: Vogel, der das ganze Jahr über da ist, entweder als Standvogel oder Sommerbestand wird durch Zuwanderer im Winter ersetzt.

Jugendkleid: Erstes vollständiges Federkleid nach den Dunen, oft vom ersten Alterskleid zu unterscheiden.

Kolonie: Mehr oder minder dichte Ansammlung von Nestern.

Kurzstreckenzieher: Vögel, deren Brut- und Winterquartier nicht sehr weit voneinander entfernt sind, z. B. noch in Europa liegen.

Langstreckenzieher: Vögel, deren Brut- und Überwinterungsgebiet weit voneinander entfernt liegen, z. B. Europa und Afrika südlich der Sahara, wie bei Gartengrasmücke, Mauersegler, Kuckuck.

Mauser: Gefiederwechsel.

Nachgelege: vgl. Ersatzbrut.

Prachtkleid: Meist unmittelbar vor der und zur Brutzeit getragenes buntes Federkleid.

Revier: Raum, der von Individuen gegen Artgenossen verteidigt wird.

Ruf: Lautäußerungen aus einem oder wenigen Elementen für eine bestimmte Situation (z. B. Lockruf, Warnruf, Flugruf); im Unterschied zu vielen Gesängen stets angeboren.

Schlichtkleid: Alterskleid als Gegenstück zum Prachtkleid.

Spottsänger, Spötter: Vögel, die Lautäußerungen anderer Arten in ihren Gesang einbauen.

Standvogel: Vogel, der das ganze Jahr über an einem Platz bleibt.

Teilmauser: Nur ein Teil der Federn wird gewechselt.

Teilzieher: Vogelbestände, von denen ein Teil der Individuen wegzieht, ein anderer Teil im Gebiet bleibt, also aus Standvögeln besteht.

Tierschutz: Maßnahmen zum Schutz wild lebender und in Menschenobhut befindlicher Tiere vor Schmerzen, Leiden und Schäden, also Schutz von Tierindividuen. Vgl. Artenschutz.

Vogelzug: Periodische Wanderungen der Vögel von einem Brutgebiet in ein Winterquartier und zurück.

Vollmauser: Das ganze Gefieder wird gewechselt.

Wegzug: Abwanderung vom Brutgebiet ins Überwinterungsgebiet (meist von Spätsommer bis Frühwinter).

Zweitbrut: Nach einer abgeschlossenen erfolgreichen Brut wird in derselben Saison noch einmal ein Brutversuch unternommen. Vgl. Ersatzbrut.

Praktische Hinweise

Bücher

Barthel, P.H., & Dougalis, P. (2006): Was fliegt denn da? Kosmos, Stuttgart.
Sehr gutes, handliches Bestimmungsbuch.

Bezzel, E. (2001): Topguide Natur: Vögel. Treffsicher bestimmen mit dem 3 er-Check. BLV Buchverlag, München.
Kleines Bestimmungsbuch für Einsteiger mit den häufigsten Arten.

Bezzel, E. (2002): Vögel beobachten. BLV Buchverlag, München.
Kleine Anleitung zum Vogelbeobachten.

Bezzel, E. (2006): BLV Handbuch Vögel. BLV Buchverlag, München.
Reich illustriertes Buch über die Lebensweise der häufigeren Arten Mitteleuropas.

Génsbøl, B. & Thiede,W. (2005): Greifvögel. BLV Buchverlag, München.
Reich illustriertes Bestimmungsbuch mit vielen Angaben.

Jonsson, L. (1992): Die Vögel Europas und des Mittelmeerraums. Kosmos, Stuttgart.
Sehr gutes Bestimmungsbuch.

Kightley, Ch. & Madge, S. (2000): Taschenführer Vögel. BLV Buchverlag, München
Taschenbuch mit guten Bildern und Beschreibungen.

Richarz, K., Bezzel, E. & Hormann, M. (2001): Taschenbuch für Vogelschutz. Aula Verlag, Wiebelsheim.
Umfassendstes modernes Buch über alle Fragen des Vogelschutzes.

Svensson L., Grant, P. J., Mullarney, K. & Zetterström, D. (1999): Der neue Kosmos-Vogelführer. Kosmos, Stuttgart.
Hervorragendes Bestimmungsbuch.

Zeitschriften

DER FALKE – Journal für Vogelbeobachter. Aula Verlag, Wiebelsheim; www.falke-journal.de
Monatlich Neues aus der Welt der Vögel leicht verständlich, reich bebildert.

LIMICOLA – Zeitschrift für Feldornithologie. Limicola Verlag, Einbeck. www.limicola.de
Wichtige Fachzeitschrift für fortgeschrittene Vogelbeobachter über Vögel Europas, hervorragend bebildert, 6 Hefte pro Jahr.

ORNIS – Zeitschrift des Schweizer Vogelschutzes. SVS, Zürich. www.birdlife.ch
Reich bebilderte Berichte und Informationen über Vögel und Umwelt, Schwerpunkt Schweiz.

Tonträger

Chevereau, J. (2002): Die Kosmos Vogelstimmen Edition. Kosmos, Stuttgart.
442 Arten auf 10 Audio-CDs.

Schulze, A. (2003). Die Vogelstimmen Europas, Nordafrikas und Vorderasiens. BLV Buchverlag, München, und Musikverlag Edition Ample. www.ample.de
819 Arten auf 17 Audio-CDs.

Schulze, A. (2005). Vogelstimmen erkennen. Gesänge und Rufe von 75 häufigen Arten. BLV Buchverlag, München.

Adressen

DER FALKE TASCHENKALENDER für Vogelbeobachter. Aula Verlag, Wiebelsheim
Neben vielen Fachbeiträgen jährlich umfassendste aktuelle Adressenliste.

BirdLife Österreich Gesellschaft für Vogelkunde, c/o Naurhistorisches Museum, Museumsplatz 1/10/8, A-1070 Wien, Tel. 0043-1-5234651. birdlife@blackbox.net.

Landesbund für Vogelschutz in Bayern e.V., Eisvogelweg 1, 91161 Hilpoltstein, Tel. 09174-47750. www.lbv.de
E-Mail: info@lbv.de
Viele regionale Geschäftsstellen und Infozentren in Bayern.

Naturschutzbund Deutschland (NABU), Bundesgeschäftsstelle
Herbert-Rabius-Str. 26, 53225 Bonn, Tel. 0228-40360.
www.nabu.de

Schweizer Vogelschutz SVS/BirdLife Schweiz, Wiedingstr. 78, Postfach, CH-8036 Zürich, Tel. 0041-4444577030.
www.birdlife.ch, E-Mail: svs@birdlife.ch.

Stichwortverzeichnis

Seitenhinweise auf Abbildungen fett.

Alpendohle 68
Alpenstrandläufer 73, 83
Amsel 10, 18, 22, 34, **37**, 47, 57, **69**
Arthritis 107
Austernfischer **73**
Auwald 40

Bachstelze 9, 19, 23, 46
Baumfalke 52, 71
Baumläufer s. Wald-, Gartenbaumläufer
Baumpieper 29, **81**
Bekassine 73, 83
Bergente 123
Bergfink 11, 85, 88, **101, 103, 119**
Bergpieper 23, 83, 98
Bienenfresser **61**
Birkenzeisig 95
Blässgans 121
Blässhuhn 22, 31, **43**, 52
Blaukehlchen 33
Blaumeise 37, 99, 102, 119
Bluthänfling 22, 51
Brandseeschwalbe 32, 71
Braunkehlchen **8**, 30, 51, 80
Bruchwasserläufer 32
Bucheckern 88, 95
Buchfink 18, 47, 56, **95**, 103
Buntspecht 18, **49**, 78, 112

Distelfink s. Stieglitz
Dohle 49, **90**
Dompfaff s. Gimpel
Dorngrasmücke 41, 51, 60, 69
Drosselrohrsänger 43
Dunkler Wasserläufer 73
Durchzügler 36

Eberesche 78
Eichelhäher 48, **80**
Eiderente 106
Eisvogel **114**
Elster 57, 79, **112**, 113
Erlenzeisig **75**, 76, 95, 104
Ersatzgelege 4
Exoten 106, 107

Fasan 71
Feldlerche 9, 21
Feldschwirl 41
Feldsperling 10, 61, 79
Fernglas 14
Fichtenkreuzschnabel 59, 79, **89**, 104
Fichtensamen 104, 112
Fischadler 33. 83
Fitis 28
Flussregenpfeifer **53**, 62
Flussseeschwalbe 32, 72
Flussuferläufer 43, 53
Freizeitbetrieb als Störung 51, 64
Futterhaus 86, 94,
Fütterungsverbot 106

Gänsesäger 98, 106, 122
Gartenbaumläufer
Gartengrasmücke 9, 24, 26, 38, 69, 77
Gartenrotschwanz **6, 26**, 46
Gebirgsstelze 23, 97
Gelbspötter 36, 38, 69
Gimpel **48**, 79, 89, **118**
Girlitz 19, 47
Goldammer 10, 22, **55**
Goldregenpfeifer 96
Graugans 92
Graureiher 63, 71, 123
Grauschnäpper 36, **45, 46**
Grauspecht 18, 49, 95
Großer Brachvogel 32, 72
Grünfink 19, 44, 47, 56, **87**
Grünschenkel **32**, 73
Grünspecht 18, 49, 95

Habicht 89, 99, 104
Halsbandschnäpper 28
Hänfling s. Bluthänfling
Haubenmeise **5**, 48
Haubentaucher **20**, 23, 31, 42, 52, 82, 100
Hausrotschwanz **9, 18**, 23, 46, 76
Haussperling **10**, 56
Heckenbraunelle **19**, 89
Heimzug 124
Herbstgesang 76
Heringsmöwe 72
Höckerschwan 31, **63**
Hohltaube 49, 71, 89
Holunderbeeren 67, 68, 69
Hunde an die Leine 46

Imitation von Gesängen 40
Invasion 59, 79, 108

Jahresuhr 12, 110
Jugendkleid 12, 37, 44, 46
Jungvögel aus dem Nest 37

Kampfläufer 33
Kanadagans 92, **107**
Katzen 57
Kernbeißer 58, 79, 119
Kiebitz 10, **13**, 21, 59
Klappergrasmücke 36, **38**, 69, 77
Kleiber **120**
Kleinspecht 95
Klimaerwärmung 7, 15, 44, 61
Knäkente 23
Kohlmeise 37, **58, 102**, 119
Kolkrabe **90**
Kormoran **91**, 122
Kornweihe 22, **97**,
Kranich 7, 92
Kreuzschnabel s. Fichtenkreuzschnabel
Krickente 22, 23, 91
Kropfmilch der Tauben 44
Kuckuck **29**, 84
Kurzschnabelgans 121
Kurzstreckenzieher 9, 16, 84
Küstenseeschwalbe 32

Lachmöwe 32, 59, 63, 82, **115**
Langstreckenzieher 9, 16, 24, 34, 64
Lerche s. Feldlerche
Löffelente 23, 123
Luftverschmutzung 27

Mandarinente 106
Mantelmöwe 72
Mauersegler 9, 34, **35**, 66
Mäusebussard 22, 48, 97, **105**, 113
Mauser 11, 52, 54, 62
Mehlschwalbe 27, 66
Meisenknödel 18, 87
Meisenring 87
Merlin 105
Mistel 110
Misteldrossel 21,22, 48, 69, 110
Mittelmeermöwe **65**, 66, 72
Mittelsäger 98
Mittelspecht 49
Mönchsgrasmücke **25, 56**, 69, 77

Nachtigall **39**
Nationalpark 72
Nebelkrähe 90, 112
Neuntöter 9, 11, **41**, 51, 60
Nilgans 106
Nistkasten 36, 87

Pfeifente 91
Photoperiode 12, 24
Pirol 9, 39
Prachtkleid 11, 52, 122
Prachttaucher 98

Rabenkrähe 30, 51, 90, 112
Raubwürger 41, 113
Rauchschwalbe **27**, 66,
Raufußbussard 113
Rebhuhn 42, 71, 96
Regenbrachvogel 73
Reiherente 22, 23, 52, 64, 81
Reviermarkierung 18
Ringeltaube 19, 48, 81, 89
Rohrammer 23, 99
Rohrweihe 23, **83**
Rotdrossel 22, **85**, 89
Rothalstaucher 82
Rotkehlchen 18, 23, **47**, 76, 104
Rotmilan 22
Rotschenkel 73

Saatgans 121
Saatkrähe 89, **93**
Säbelschnäbler 72
Sandgrube 32, 60
Sandregenpfeifer 73, 83
Schafstelze **30**, 31, 51 81
Schellente 22, **117**
Schimmelpilze 107
Schlafplatz 66, 90, 94, 97, 100
Schlichtkleid 11, 46, 52, 82
Schnatterente 91
Schutzzonen am Wasser 62, 82
Schwalbe s. Rauchschwalbe
Schwanzmeise **104**
Schwarzhalstaucher **31**, 32, 82
Schwarzmilan 83
Schwarzspecht **17**
Schwarzstorch 72, 83
Seeadler **99,** 122
Seidenschwanz 11, 108, **109**
Silbermöwe 66
Singdrossel 9, 18, 22, 28, 69, 95
Singschwan 121, 123
Sommergoldhähnchen 20, **22,** 77
Spatz s. Haussperling
Spechthöhlen 48
Spechtschmiede 112
Sperber 71, **87,** 103, 111
Spießente 23, 91
Sprosser 39
Spuren im Schnee 113
Standvogel 10
Star 22, 47,51, 59, 68, **70,** 110
Steinschmätzer 31, **61**, 71, 81
Sterntaucher 98
Stieglitz 47, 56, **57**
Stockente 22, 23, 32, 43, **52**
Storch s. Weißstorch
Stoßtauchen 32
Strandpieper 98
Streifengans 106
Sturmmöwe 7, **115**
Sumpfmeise 24, 94, **111,** 119, 120
Sumpfrohrsänger 40,51

Tafelente 22, 23, 52, 81
Tannenhäher **68**
Tannenmeise 48, 58, 78
Teichhuhn 82
Teichrohrsänger 33
Teilzieher 10,16, 103
Trauerschnäpper 29, 50, **78**
Trauerseeschwalbe 43, 83
Trommeln der Spechte 18
Truppenübungsplatz 31, 61
Türkentaube 19, 48
Turmfalke,22, **23,** 97 , 111
Turteltaube **40**

Überdüngung 28
Uferschnepfe 32
Uferschwalbe 33, 61
Ultraviolette Strahlen 102

Vogelbad 57
Vogelbeere 79
Vogelfutter 86, 107
Vogeltränke 57
Vogeluhr 34
Vogelzug 8, 34

Wacholderdrossel 18, 22, 30, 69, 81
Wachtel 42
Wachtelkönig 42
Waldbaumläufer **88,** 120
Waldkauz **96,** 112
Waldlaubsänger 28
Waldohreule **50,** 112
Waldwasserläufer 73
Wanderfalke 99
Wasseramel 97, **98**
Wasserpieper s. Bergpieper
Wasserralle 33
Wasservogelfütterung 106
Weichfutter
Weißstorch 28, 71
Wendehals 28, 49, 49
Wespenbussard **62,** 83
Wiesenpieper 23, 80, 96
Wiesenstelze s. Schafstelze
Wiesenweihe 62
Wildente s. Stockente
Wintergäste 92
Wintergoldhähnchen 20
Wintervorrat 68, 80

Zaunkönig 77, 95, 104
Zeisig s. Erlenzeisig
Zerstreuungswanderung 10, 58
Zilpzalp 9, 20, 48, **77**
Zwergmöwe 82
Zwergsäger **123**
Zwergschnepfe **122**
Zwergschwan 121
Zwergtaucher 82

Bibliographische Information der Deutschen Bibliothek

Die Deutsche Bibliothek verzeichnet diese Publikation in der Deutschen Nationalbibliographie; detaillierte bibliographische Daten sind im Internet über http://dnb.ddb.de abrufbar.

BLV Buchverlag GmbH & Co. KG
80797 München

Bildnachweis:
Danegger: 13, 18, 23, 40, 43, 47, 67, 73
Fünfstück: 71, 95, 107, 109, 122
Groß: 1, 6, 8, 35, 49, 63, 900, 119
Limbrunner: 26r, 37, 70, 82, 97, 98, 103, 111
Pforr: 22, 62, 90u, 105
Schmidt: 26l, 38, 39, 60, 75, 87, 88, 101, 114, 118, 120
Trötschel: 7, 27, 123
Vollmer: 17
von Lossow: 15
Wernicke: 32, 91, 115o, 115u
Wothe: 2/3, 10, 20, 30, 50, 52, 57, 83, 93, 99, 117
Zeininger: 5, 9, 19, 25, 29, 31, 41, 45, 48, 53, 55, 58, 61, 65, 68, 69, 77, 78, 80, 81, 89, 96, 102, 104, 112

Umschlaggestaltung: Anja Masuch, Fürstenfeldbruck

Umschlagfotos:
Vorderseite: Zeininger, Einklinker v.l.n.r.: Pforr, Danegger, Wothe
Rückseite v.l.n.r.: Groß, Danegger (2 x)

Lektorat: Dr. Friedrich Kögel, Dr. Eva Dempewolf
Herstellung: Hermann Maxant

Layoutkonzept Innenteil: Anja Masuch, Fürstenfeldbruck

DTP: Satz+Layout Fruth GmbH, München

Gedruckt auf chlorfrei gebleichtem Papier

Printed in Germay
ISBN 978-3-8354-0186-0

Eine kleine Auswahl aus unserem Programm

Michael Lohmann
Der BLV Tierführer für unterwegs
Details erkennen – sicher bestimmen: Säugetiere, Vögel, Reptilien, Amphibien, Insekten und andere in naturgetreuen Zeichnungen; Kennzeichen, Vorkommen, Lebensweise und interessante Fakten.
ISBN 978-3-8354-0054-2

Der Tier- und Pflanzenführer für unterwegs
Das kompakte Bestimmungsbuch mit 900 Tier- und Pflanzenarten und 1350 Farbfotos – ideal für unterwegs; mit bis zu 5 Fotos pro Art und Sonderteilen, die das Bestimmen zusätzlich erleichtern.
ISBN 978-3-8354-0019-1

Thomas Schauer/Claus Caspari
Der BLV Taschenführer Pflanzen
Besonders handlich – ideal für unterwegs: über 350 Pflanzen – Gräser, Bäume und Sträucher, detailgenaue Zeichnungen für zweifelsfreies Bestimmen, zuverlässiger Farbcode für schnellen Zugriff.
ISBN 978-3-8354-0139-6

Mario Ludwig/Harald Gebhardt
Die 55 gefährlichsten Tiere der Welt
Spannende Lektüre, auch für Jugendliche: die gefährlichsten Tiere der Welt im Porträt – von Löwe und Eisbär über Tigermoskito und Speikobra bis Piranha und Seewespe; Merkmale, Vorkommen, gefährliche Verwandte, Geschichte und Geschichten.
ISBN 978-3-8354-0095-5

Mario Ludwig/Friedrich Kögel
Die Erde –
Rätsel, Fakten und Rekorde
Lesevergnügen rund um die Erde: Rekorde und Superlative, Fakten und Irrtümer, Staunenswertes und spannende Storys; mit heiteren Illustrationen von Jan Gulbransson.
ISBN 978-3-8354-0141-9

Stefan Kühn/Bernd Ullrich/Uwe Kühn
Deutschlands alte Bäume
Begegnungen mit faszinierenden Persönlichkeiten: 192 bedeutende, oft jahrhundertealte Bäume in ausdrucksstarken Fotos, die speziell für diesen Bildband entstanden; zu jedem Baum: Geschichte, Sagen, Mythen, Anfahrtswege; Übersichtskarte mit Standorten.
ISBN 978-3-8354-0183-9

Die zuverlässigen Berater

BLV Bücher bieten mehr:

- mehr Wissen
- mehr Erfahrung
- mehr Innovation
- mehr Praxisnutzen
- mehr Qualität

Denn 60 Jahre Ratgeberkompetenz sind nicht zu schlagen!

Dass Sie sich gut beraten fühlen – das ist unser Ziel. Falls Sie Fragen und/oder Anregungen haben, schreiben Sie uns bitte:

BLV Buchverlag GmbH & Co. KG
Lektorat · Lothstraße 19
80797 München
Postfach 40 02 20
80702 München
Telefon 089/120212-0 · Fax -121
E-mail: blv.verlag@blv.de

Unser Buchprogramm umfasst über 750 Titel zu den Themen **Garten · Natur · Heimtiere · Jagd · Angeln · Sport · Golf · Reiten · Alpinismus · Fitness · Gesundheit · Kochen.** Ausführliche Informationen erhalten Sie unter **www.blv.de**

blv

MEHR ERLESEN!